YE YONGLIE KEPU DIANCANG

叶永烈科普典藏

尹传红 主编

U0151305

化学趣史

叶永烈◎著

长江出版传媒 | 湖北教育出版社

图书在版编目（CIP）数据

化学趣史 / 叶永烈著；尹传红主编. -- 武汉 ： 湖北教育出版社，2023.4
（叶永烈科普典藏）
ISBN 978-7-5564-4791-6

Ⅰ．①化… Ⅱ．①叶… ②尹… Ⅲ．①化学史－青少年读物 Ⅳ．①06-09

中国国家版本馆CIP数据核字(2023)第018687号

化学趣史　HUAXUE QUSHI

出品人	方　平		
责任编辑	杨　浩	责任校对	李庆华
封面设计	牛　红	责任督印	刘牧原

出版发行	长江出版传媒	430070	武汉市雄楚大道 268 号
	湖北教育出版社	430070	武汉市雄楚大道 268 号
经　销	新 华 书 店		
网　址	http://www.hbedup.com		
印　刷	武汉中远印务有限公司		
地　址	武汉市黄陂区横店街货场路粮库院内		
开　本	710mm×1000mm　1/16		
印　张	13		
字　数	170 千字		
版　次	2023 年 4 月第 1 版		
印　次	2023 年 4 月第 1 次印刷		
书　号	ISBN 978-7-5564-4791-6		
定　价	36.00 元		

总　序

在中国的科普、科幻界，叶永烈先生（1940—2020）曾经是一个风格独特、广受瞩目的"主力队员"；在当今的纪实文学领域，他又是一位成就卓著、声名显赫的重量级作家。他才华横溢、兴趣广泛、勤奋高产，一生创作出版了 300 余部作品，累计 3500 多万字。

在科普创作方面，叶永烈有着特别引人瞩目的一个身份和成就：他是新中国几代青少年的科学启蒙读物、中国原创科普图书的著名品牌《十万个为什么》第一版最年轻且写得最多的作者，还是从第一版写到第六版《十万个为什么》的唯一作者。

我们这一两代人几乎都存有一段温馨的记忆：在 20 世纪 70 年代末 80 年代初，改革开放伊始，当"科学的春天"到来之时，"叶永烈"这个名字伴随着他创作的诸多题材不同、脍炙人口的科普文章频频出现在全国报刊上，一本接一本的科普图书纷纷亮相于新华书店，而越来越为人们所熟知。他成了中国科普界继高士其之后的一颗耀眼的明星。差不多与此同时，叶永烈的科幻处女作《小灵通漫游未来》一面世即风行全国，成了超级畅销书，各种版本的总印数达到了

300万册之巨，创造了中国科幻小说的一个纪录。

叶永烈给我本人留下的最深切的记忆是1979年春，那年我11岁，第一次读到《小灵通漫游未来》，心潮澎湃，对未来充满期待。那一时期，每个月当中的某几天，在父亲下班回到家时，我总要急切地问一句："《少年科学》来了没有?"盼着的就是能够尽早一睹杂志上连载的叶永烈科幻小说。

那时我还常常从许多报刊上读到叶永烈脍炙人口的科学小品，从中汲取了大量的科学营养。随后，我又爱上了自美国引进的阿西莫夫著作。品读他们撰写的优秀科普、科幻作品，我真切感受到了读书、求知的快慰，思考、钻研问题的乐趣，同时也爱上了科学，爱上了写作。那段心有所寄、热切期盼读到他们作品的美好时光，令我终生难忘。

作为科普大家的叶永烈，自11岁起在报纸上发表小诗，在大学时代就开始了科普创作，其科普创作生涯一直延续到中年，即从20世纪50年代末至80年代初。

几十年间，叶永烈创作的为数众多的科学小品、科学杂文、科学童话、科学相声、科学诗、科学寓言等，几乎涉足了科普创作所有的品种，并且成就斐然。他的作品，曾经入选各种版本语文教材的，就达30多篇。

值得一提的是，叶永烈首先提出并创立了科学杂文、科学童话、科学寓言三种科学文艺体裁，并在1979年出版了中国第一部较有系统的、讲述科学文艺创作理论的书——《论科学文艺》；在1980年出版了中国第一本科学杂文集《为科学而献身》；在1982年出版了中国

第一本科学童话集《蹦蹦跳先生》；在 1983 年出版了中国第一本科学寓言集《侦探与小偷》。他提出的这三种科学文艺体裁在科普界很快就有了响应，尤其是科学寓言，已经成为寓言创作中得到公认的新品种。

在科普创作方面，叶永烈受苏联著名科普作家伊林的影响很深。伊林有句名言："没有枯燥的科学，只有乏味的叙述。"叶永烈也打过一个形象的比方：科普作家的作用就是一个变电站，把从发电厂发出来的高压电，转化成千千万万家庭都能用上的 220 伏的低压电。他认为学习自然科学是对人的逻辑思维的严格训练，而文学讲究形象思维；文、理是相辅相成并且渐进融合的，现代人都应该对文、理有所了解。

叶永烈与伊林一样，都惯于用形象化的故事来阐明艰涩的理论，能够简单明白地讲述复杂现象和深奥事物。在他们的笔下，文学与科学相融，是那般美妙。阅读他们的作品，犹如春风拂面，倍觉清爽；又好像有汩汩甘露，于不知不觉中流入了心田。他们打破了文艺书和通俗科学中间的明显界限，因此他们写成的东西，都是有文学价值的通俗科学书。

叶永烈曾经这样评述自己的创作人生："我不属于那种因一部作品一炮而红的作家，这样的作家如同一堆干草，火势很猛，四座皆惊，但是很快就熄灭了。我属于'煤球炉'式的作家，点火之后火力慢慢上来，持续很长很长的时间。我从 11 岁点起文学之火，一直持续燃烧到 60 年后的今天。"

叶永烈把作品看成凝固了的时间、凝固了的生命。他说他的一生

"将凝固在那密密麻麻的方块汉字长蛇阵之中",又道:"生命不止,创作不已。"2015年10月,正当叶永烈全身心投入1400多万字的《叶永烈科普全集》的校对工作时,他偷闲饱含深情地写下了一段感言,通过电子邮件发送给我。在我看来,这恰是他对自己辉煌创作生涯的一个非常精彩的总结:

韶光易逝,青春不再。有人选择了在战火纷飞中冲锋陷阵,有人选择了在商海波涛中叱咤风云,有人选择了在官场台阶上拾级而上,有人选择了在银幕荧屏上绽放光芒。平平淡淡总是真,我选择了在书房默默耕耘。我近乎孤独地终日坐在冷板凳上,把人生的思考,铸成一篇篇文章。没有豪言壮语,未曾惊世骇俗,真水无香,而文章千古长在。

今天,我们推出"叶永烈科普典藏"系列,一方面是表达对这位杰出的科普大家的追思、缅怀和致敬,一方面也意在为科普创作留存一些有益的借鉴;同时也期望借此为广大读者朋友,尤其是青少年学生的科学阅读,提供一份丰盛而有益的精神食粮。

是为序。

尹传红

(中国科普作家协会副理事长,《科普时报》原总编辑)

目 录

CONTENTS

1 　混沌之中的化学

2 　揭开燃烧之谜

3　化学走向精细

4　"生命力论"的破产

5　无畏的探索者

8 化学在发展

1 混沌之中的化学

先讲三个有趣的故事

有趣的故事，人人爱听。

在这本书开头，先讲三个有趣的故事。

第一个故事，发生在 1994 年，美国某地。

那天，大学里的一座大楼失火了。"呜，呜——"消防车闻讯赶来。

一件奇怪的事发生了：消防队想就近从旁边的一座大楼里接取自来水。可是，大楼门口警卫森严，不许消防队员进去。

"火烧眉毛了，还不让我们进去？"消防队员着急地问。

"不行。没有国防部的证明，谁都不许进！"警卫板着铁青的面孔说道。

烈火熊熊，消防队员心急如焚。他们围着警卫，大声地抗议："等国防部的证明送到，大楼早烧光啦！"

警卫总算做了点让步："这样，你们向本地的×局请示，打个证明。"

没办法，消防队员只好开着消防车去×局，开来了证明。

消防队员把证明朝警卫手中一塞，便急急忙忙往大楼里奔去。

这时，警卫追上来，拦住了他们，很严肃地说道："先生们，虽然你们有了证明，但是按照规定，每个进楼的人还要在登记簿上签名。先生们，请你们去签名！"

消防队员们哭笑不得，只好退回去签名。

虽然警卫那样忠于职守，却暴露了大楼的秘密。人们纷纷猜测：那座大楼如此警卫森严，里面是干什么的呢？

要知道，美国国防部为了保守那座大楼的秘密，煞费苦心：有一次，保卫人员仔细检查了大楼内的图书室，发觉许多化学书籍看上去还算新，但是每本书中有关元素铀的章节，都被翻得卷起书角或者弄脏了。保卫人员认为，这些书也可能会暴露大楼的秘密，决定全部销毁，而又买了一批崭新的化学书籍。他们如此精心保守的秘密，却被邻近大楼失火一事而无意中暴露了。

于是，德国间谍开始注意那座大楼……

事实上，那座大楼里的科学家，正在极秘密地研究着化学元素铀。

为什么研究铀要那样严格保密？

1945 年 8 月 6 日，原子弹的爆炸声震动了世界。原子弹里的"主角"，便是铀。正因为这样，那座大楼既成为美国国防部重点保密的建筑，也成为德国间谍机构瞩目的地方。

第二个故事，发生在 1781 年，英国。

那时候，英国有位著名的化学家，叫作普利斯特列。他呀，很喜欢给朋友表演化学魔术。你瞧，当朋友们来到他的实验室里参观时，他便拿出个空瓶子，给大家看清楚。可是，当他把瓶口移近蜡烛的火焰时，忽然发出"啪"的一声巨响。

朋友们吓了一跳，有的甚至吓得钻到桌子下面。

笑罢，普利斯特列把秘密告诉朋友们：原来，瓶子里事先灌进了氢气。氢气和空气中的氧气混合以后，遇到火，会燃烧起来，发出巨响。

他不知将这个"节目"表演了多少遍，使它成了一出"拿手好戏"。

有一次，他表演完"拿手好戏"，在收拾瓶子时，注意到瓶壁上有水珠。

奇怪，变"魔术"时的瓶子是干干净净的，那瓶壁上的水珠是从哪儿冒出来的呢？

普利斯特列仔细揩干瓶子，重做实验。咦，瓶壁上依旧有水珠。

经过反复实验，他终于发现：氢气燃烧后，变成了水，凝聚在瓶壁上！

在普利斯特列之前，尽管人们天天喝水、用水，可是并不知道水是什么。过去，人们甚至把水当作"元素"。1770 年，法国著名化学家拉瓦锡曾试图揭开水的秘密。他把水封闭在容器中加热了 100 天，水依旧是水，称一下，重量跟 100 天以前一样。他弄不清楚水究竟是什么。至于普利斯特列，虽然他揭开了水的秘密，然而，他是在变了好多次"魔术"之后，才注意到瓶壁上的水珠……

第三个故事，发生在 1890 年，德国。

一天，雇马车的人突然增多。马车夫问那些雇主："上哪儿去?"答复令人莫名其妙："随便!"

"随便?"从来没有一个地名，叫作"随便"的！

马车夫好不容易领会了雇主的意思。马车漫无目的在街上转悠。

雇主似乎无心观赏街景，闭起了双眼，进入了梦乡……

那些雇主难道有钱无处花，雇了马车睡觉？

哦，后来，人们才明白，原来是这么回事——

在庆祝德国化学学会成立 25 周年的大会上，德国著名化学家凯库勒讲述了自己是如何解决有机化学上一大难题的：

"那时候，我正住在伦敦，日夜思索着苯的分子结构该是什么样子的。我徒劳地工作了几个月，毫无所获。一天，我坐马车回家。由于过度劳累，我在摇摇晃晃的马车上很快就睡着了。我做了一个梦，梦中，我几个月来设想过的各种苯的分子结构式在我的眼前跳舞。忽然，其中一个分子结构式变成了一条蛇，这蛇首尾相衔，变成一个环。正在这时，我听见马车夫大声地喊道：'先生，克来宾路到了！'我这才从梦乡中惊醒。当天晚上，在这个梦的启发下，我终于画出了首尾相接的环式分子结构，解决了有机化学上的这一难题。"

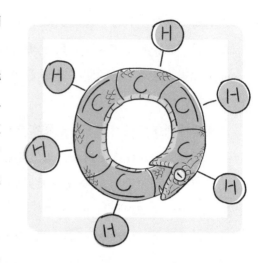

坐在台下的一些听众听了，以为凯库勒的成功，全是因为在马车上做了一个梦。于是，他们便雇了马车，在街上漫游，也想做个梦，轻而易举地摘下科学之果。

虽然有的人在马车上睡着了，也做起梦来，可是谁也没有从梦中得到什么。

他们不懂得，凯库勒之所以能够成功，是因为他把全部心思用到科学研究上，这样，他甚至连做梦时，也不忘科学研究。凯库勒的成功，与其说是来自马车上的梦，倒不如说是来自那数不清的不眠之夜！

三个故事讲完了。

三个故事，三个意思：

第一个故事，从一个很小的侧面，说明化学何等重要；

第二个故事，说明研究化学一定要非常细心；

第三个故事，说明每一项化学成果都来之不易。

这三个故事合起来，说明一个意思——化学是一门很有趣的科学，化学的发展史上有许多有趣的故事。

这本《化学趣史》，向你讲述一个个有趣的故事，使你了解化学是一门什么样的科学，它是怎样发展起来的。

如果你读了这本有趣的书，对化学产生了兴趣，愿意学习化学，研究化学，那么，编者和著者就感到莫大的欣慰了。

以上的话，算是这本书的开场白。

黄 金 梦

1594 年秋天，德国。

街头，挤满了看热闹的人，众目睽睽，盯着一个从街上缓缓走过的穿着金色外衣的人。此人双手被反绑着，低着头。一群士兵押着他，走向广场。

广场上矗立着绞刑架。那个穿金色外衣的人一见到绞刑架，双腿直哆嗦，再也走不动了。士兵们把他拉上了绞刑架。

照例，在执行绞刑之前，一位军官当众宣读了犯人的罪状：

"大公爵谕，立即用绞刑处死大骗子奥斯卡·伦菲尔德。该犯自称发现了制造黄金的伟大秘密，向我骗取大量金钱进行实验，炼得类似黄金的小块金属。经检验，该犯制得的所谓黄金全是假的。经将伦菲尔德逮捕并用火刑审问，该犯对诈骗行为供认不讳，为此判处该犯绞刑！"

当刽子手一脚踢开犯人脚下的木桶时，犯人便悬挂在空中，得到了应有的惩罚。

黄金，以灿烂夺目的光芒，很早就引起人们的注意。黄金那么漂亮，不锈不烂，人们喜欢它，而黄金在大自然中又那么稀少，"物以稀为贵"，于是黄金成了非常宝贵的东西，成了货币，成了财富的象征。

英国著名作家莎士比亚在《雅典的泰门》中，用这样生动的语言，勾画出黄金在人们心目中的形象：

"金子！黄黄的、发光的、宝贵的金子！……只这一点点儿，就可以使黑的变成白的，丑的变成美的，错的变成对的，卑贱变成尊贵，老人变成少年，懦夫变成勇士。……这黄色的奴隶可以使异教联盟，同宗分裂；它可以使受诅咒的人得福，使害着灰白色的癞病的人为众人所敬爱；它可以使窃贼得到高爵显位，和元老们分庭抗礼；它可以使黄脸寡妇重做新娘……"

黄金如此可贵，有人就想"点石成金"。

有这么一个故事：

有一位国王，虽然已经从老百姓那里搜刮了许多黄金，可是他的心像无底洞似的，永远也填不满。他贪得无厌，想得到更多的黄金。他向神仙祈求，结果神仙给他一个"点石成金"的手指头。他用这个手指头摸什么东西，什么东西便变成黄金。

他摸一下椅子，椅子变成了金椅子；

他摸一下柱子，柱子变成了金柱子；

他摸一下花，花变成了金花；

……

他高兴极了，王宫里到处金灿灿的。这时候，他心爱的小女儿朝他跑来，他兴高采烈地抱起女儿。谁知那"点石成金"的手指头一碰到女儿，女儿便成了金人，一动也不动了。

直到这时，国王才明白，他成了世界上最富有的人，也成了世界上最冷漠的人！

故事当然只是故事，世界上并不存在什么"点石成金"的手指头。

可是，自古以来，不论中外，有许许多多的人在寻找"点金石"（也有的叫"哲人石"）。

他们做着"点石成金"的美梦。有人在探索着种种"点石成金"的方法。

也许使你吃惊，在古代，"化学"一词的含义，便是"炼金术"！

据人们考证："化学"一词最早见于公元296年古罗马皇帝戴克里先关于严禁制造假金银的告示之中，他把制造假金银的技术，称为"化学"（chemeia）。又据考证，英语中的chemistry，法语中的chimie，德语中的chemie（以上均为"化学"），源于欧洲词语alchemy。而alchemy则来自阿拉伯语中的"炼金术"一词。

炼金术士们为了制造黄金，用水银、铅之类作为原料，进行了许许多多化学实验。

据说，英王亨利六世为了能够得到大批黄金，竟然招募了3000名炼金术士来"炼金"。

唉，帝王们做着可笑的黄金梦！

长 生 梦

帝王们不仅做黄金梦，还做着长生梦。

秦始皇、汉武帝、唐太宗，是中国历史上声名显赫的皇帝。然而，他们创立了丰功伟绩之后，都做起了长生梦。

秦始皇统一了六国之后，专门派人远渡重洋，去寻找"仙人不死之药"。结果呢？什么都没有找到。

汉武帝呢？他听说露水是"仙露"，能够使人"长生不老"，便下令在长安的建章宫里，竖立起所谓"承露盘"。那盘是用青铜铸造的，高高地安置在20丈高的石柱上。夜间，露水凝结在盘里，成了"仙露"。这"仙露"被侍从送呈汉武帝，汉武帝将其跟美玉碎屑一起服用，以求长生不老。因为据说"服玉者寿如玉"。

其实，那青铜盘经日晒雨淋，长满铜绿，而美玉碎屑，人体无法消化、吸收，还会阻塞消化器官，使人得病呢。

命运最悲惨的，要算唐太宗了。

唐太宗的威名，曾使他的敌人心惊胆战。然而，他在 52 岁时过早地离开了人世。使唐太宗丧命的，不是他的敌人所下的毒药，而是他自己要吃的"长生药"！

原来，唐太宗希图长生。在 648 年（贞观二十二年），他的部队打败帝那伏帝国，从俘虏中发现一个名叫那罗迩娑婆寐的和尚，据说会制造"长生药"。唐太宗待他如上宾，叫他在金飚门制造"长生药"。第二年，当唐太宗吃下了那个和尚给他配制的"长生药"后，竟然中毒而亡！

唉，长生不成，反而丧生！

唐太宗吃"长生药"死了还不算，唐宪宗、唐穆宗、唐武宗、唐宣宗，也都是因为吃"长生药"而断送了性命！

那"长生药"究竟是什么东西呢？

1970 年，我国考古学家在唐代京都长安——现在的西安，发掘到两坛唐代窖藏的宝物。据查证，那是唐明皇的堂兄邠王李守礼埋在地下的东西。坛中的"宝物"中含有朱砂、密陀僧、琥珀、珊瑚、乳石、石英等。

朱砂是什么？这种红色矿物的化学成分是硫化汞，是一种剧毒的化合物。

那些皇帝们用了剧毒的"长生药"，怎能不呜呼哀哉！

你知道吗，这些"长生药"也跟化学有着密切的关系哩。在古代，化学又被称为"炼丹术"。这"丹"，便是指"长生丹"，也就是"长生药"。

许许多多炼丹家，如同那些炼金术士一样，做着各式各样的化学实验。尽管黄金梦、长生梦是荒谬的，但是，炼丹家们、炼金术士们毕竟在种种化学实验室中，懂得并积累了一些化学知识。

比如，8 世纪阿拉伯炼金术士贾博，在炼金时制成了硫酸、硝酸、硝酸银等，还懂得用盐酸和硝酸配制成"王水"。

汉朝末年的魏伯阳，被人们称为"中国炼丹术始祖"。他所写的炼丹著作《周易参同契》中，大部分内容非常荒诞，但是也有一些关于汞、铅的化学知识。

化学的发展和炼金术、炼丹术等纠缠了相当长时间，走过了十分曲折的道路。

"短衫医师"

当你走过理发店，常常可以看到特殊的标志——在圆柱形的玻璃灯里，红、白、蓝三条倾斜的色带，在不停地旋转着。

你知道这特殊的标志是什么意思吗？

1964 年的《大英百科全书》，回答了这个问题：

原来，在古代的欧洲，外科医生分为两类。一类是医学院毕业的"正统"的医生，穿着长衫，被人们称为"长衫医师"。这些医师往往"动口不动手"。另一类是理发师，兼做着外科医生的工作，穿着短衫，被称为"短衫医师"或者"理发外科医生"。那时候，人们很看不起外科手术，认为跟脓、血之类打交道，有损医师的身份。于是，就把那些"动手"的事儿，交给理发师去干。在动手术的时候，"长衫医师"仿佛工地上的监工，而在那里动手术的则是"短衫医师"。

1163 年，欧洲的天主教通过一项法案，禁止"神职人员"从事抽血工作，这种工作只能由理发师来做。后来，理发店前那特殊的标志，便是为了纪念理发师在医学上的贡献：那圆柱象征受伤的手臂，倾斜的色带表示纱布，而套筒表示带血的器皿。

1526 年，在瑞士巴塞尔大学，一位名叫巴拉塞尔士的人走上了讲台。

他破例邀请了那些"短衫医师"跨进大学之门，坐在课堂里听他讲课。在讲课之前，巴拉塞尔士做了一件惊人的事情：他把罗马医生盖仑的著作，当众烧毁！

为什么呢？盖仑自公元 2 世纪以来，一直被人们推崇为医学权威。他的著作，甚至被当作医学的"圣经"。可是，盖仑只解剖过牛、羊、狗、猪，从未解剖过被认为"神圣不可侵犯"的人的尸体。因此，他的医学著作错误百出。比如，盖仑认为人的肝分为五叶——那是从狗的肝分五叶而推想出来的。

巴拉塞尔士烧掉了盖仑的著作，表示他与旧医学彻底决裂的决心。

巴拉塞尔士主张，"人体本质上是一个化学系统"。因此，人生病，就是这个"化学系统"失去了平衡。要医好人的病，就要用化学药品恢复这个"化学系统"的平衡。

巴拉塞尔士谴责那些炼金术士、炼丹家："你们以为懂得了一切，实际上你们什么也不懂！只有化学可以解决生理学、病理学、治疗学上的问题。没有化学，你们就会迷失在黑暗里。"

巴拉塞尔士提出了关于化学的新概念。他不再把化学称为"炼金术"，而是称为"医疗化学"。

从此，化学开始了一个崭新的阶段。渐渐地，人们研究化学，不再是为了"点石成金"或者"长生不老"，而是为了制造治病救人的药剂。

2 揭开燃烧之谜

"怀疑派的化学家"

"化学，不是为了炼金，也不是为了治病。化学应当从炼金术和医学中分离出来。它是一门独立的学科！"

1661年，英国出现一篇题为《怀疑派的化学家》的论文。文章中又提出了新的观点。

这篇论文起初是用笔名发表的。论文发表后，轰动了欧洲化学界。有人细细打听，这才弄清楚，论文的作者原来是英国化学家波义耳。

这时波义耳已是一个三十多岁的人了，个儿又高又瘦，头发一直下垂到肩膀。他是一个十分勤奋的人，11岁时，便学会了拉丁语和法语，接着跟他的哥哥到欧洲大陆留学，在法国、意大利住了好几年。波义耳非常喜欢自然科学，一有空，总爱待在自己的实验室里，做着各式各样的实验。1661年，他做了许多有关气体的体积和压强之间的关系的实验，发现了物理学上著名的"波义耳定律"。在这一年，他写了著名论文《怀疑派的化学家》。在这篇论文里，他提出了许多新的观点，对过去化学上的许多错误观念，大胆地表示怀疑。恩格斯曾高度评价波义耳的贡献："波义耳把化学确立为科学。"①

1673 年的一天，波义耳一手拿着玻璃瓶，一手支着脑袋，皱着眉头在牛津实验室里沉思着。

这天，波义耳在思索着什么呢？

他在探索燃烧的秘密。

波义耳做了这样的实验：他把铜片放在玻璃瓶里，称了一下重量，然后，把它放在炉子上猛烈地加热、煅烧。这时，原来闪耀着紫红色光芒的铜片，渐渐地蒙上一层暗灰色的东西，最后，变成了黑色的渣滓。烧完后，他再去一称，咦，铜片竟然变重了！

这是为什么呢？波义耳想不通。

接着，波义耳又拿了铅、锡、铁和银来进行同样的煅烧，结果还是一样，金属变重了：

480 克铜煅烧后，加重了 30—40 克；

480 克铅煅烧后，加重了 7 克；

480 克锡煅烧后，加重了 60 克；

240 克铁煅烧后，加重了 66 克；

---

① 《自然辩证法》，人民出版社，1971 年版，163 页。（本书所有注释均为作者注，以下不再说明）

212 克银煅烧后，加重了 2 克。

（失落了的均未计算在内）

波义耳仔细地看了看煅烧以后的金属：紫红色的铜变成了黑色的渣滓，铅、锡和银的表面蒙上了一层白色的灰烬，而铁却变成了疏松的红色小块，一捏就碎。

"也许是因为瓶子没有盖紧，炉子里的脏东西落了进去，才变重的吧！"波义耳这么猜想。于是，他找了一个有着长长的、弯头颈的玻璃瓶——曲颈瓶，把金属放进去再把瓶口封闭起来。煅烧完毕后，他小心地从炉膛里拿出滚烫的瓶子，打开瓶口（这时，他听见一阵尖锐的咝咝声），再称金属的重量，结果仍然一样，金属变重了。

这就是说，金属变重，并不是由于落进什么脏东西引起的。

波义耳是位严谨的科学家。他在科学研究工作中，常常很注意所得的结果是否真实。起初，他一直认为，金属在煅烧后重量会增加是不可能的事。然而，一次又一次的实验结果，却迫使他不得不承认这是事实。

为了解释这个奇怪的现象，1674 年，波义耳在《关于火和火焰的新实验》这篇论文里，提出了自己的见解：在加热以后，金属的重量之所以增加，是由于它在加热时，受到热的作用，有一种特殊的、极其微小的、肉眼看不见的"火素"，穿过了玻璃瓶的瓶壁，跑到金属里去，跟金属化合成了灰烬。"火素"是有重量的，这样，怪不得加热后金属的重量就增加了。

如果用算术式子来表示，这就是：

金属＋火素＝灰烬

波义耳的见解究竟对不对呢？

神秘的 "要素"

1703 年，德国哈勒大学医学教授、普鲁士国王的御医奥尔格·恩斯特·施塔尔也开始注意燃烧现象。施塔尔是德国著名的医生，但是，他也很喜欢化学。对于燃烧之谜，施塔尔根据他的老师、德国化学家柏策的理论，提出了一种不同于波义耳的见解。

"木头为什么能够燃烧？石头为什么不能燃烧？"对于这个问题，施塔尔这样回答："木头之所以能够燃烧，是由于木头里含有一种特别的'要素'；石头之所以不能燃烧，在于它不含有这种特别的'要素'。不光木头如此，煤、木炭、蜡烛、油、磷、硫黄——简而言之，一切可燃的物质——都含有这种特别的'要素'。这种'要素'是什么呢？我称它为'燃素'。于是，我认为所有的可燃物质，都是一种燃素的化合物，其中的成分之一便是燃素……当一个东西燃烧的时候，其中的燃素便分离出来，而且所有的燃烧现象——热、光、火焰——都是因为燃素逸出，而发生的剧烈的现象。"

施塔尔还说："木头是燃素和灰的化合物。木头燃烧，就是燃素从灰中分离出来。燃烧后，燃素就跑掉了，自然，炉膛里剩下的灰，也就不会再燃烧了。"至于金属，那当然也是一样——在煅烧时，金属失去了燃素而剩下来灰烬。

根据施塔尔的燃素学说，金属燃烧的过程，用算术式子来表示的话，就是：

金属－燃素＝灰烬

这跟波义耳的"金属＋火素＝灰烬"的公式恰恰相反。

施塔尔的燃素学说，获得了许多科学家的赞同，因为它很圆满地解释了以前所没法解释的许多科学现象。

如果你有机会到博物馆里去瞧瞧，翻开一本两三百年前欧洲流行的化学教科书，在那发黄的书页上，你一定可以看到这样的话："物质能够燃烧，是因为含有燃素。所含的燃素越多，物质就越容易着火和燃烧。煤、脂肪、油类、木头非常容易燃烧，便是由于它们几乎全部都是由燃素组成的。一些普通的金属中也含有燃素，这就是金属也能够燃烧的原因。不过，金属中所含的燃素不多，所以它燃烧时没有木头那样猛烈，所剩下的灰烬也比木头多。"

瞧，燃素学说讲得多么头头是道！

燃素学说还很圆满地解释了别的许多难题。

比如，人为什么要呼吸？这是过去人们一直想不通的"为什么"。然而，燃素学说解释道："呼吸，实际上就是人在不断地排出燃素的过程。从肺里不断吐出来的气体里，便含有许多燃素。因为呼吸是一个排出燃素的过程，如同木头燃烧时散发出的燃素，所以能产生热，人体的热量便是从这儿来的。"

在十七八世纪，人们所知道的化学知识，还只是零零碎碎，东鳞西爪，没有形成一个完整的系统和严格的理论，每个化学家对于各种化学现象，都各有自己的一套说法。由于每一种说法都不很完善，难以使人信服，这样，化学就好像一支没有指挥官的队伍，一片混乱。

燃素学说出现以后，得到各国科学家的支持，于是，燃素学说成了化学的"统帅"——指导理论。正如恩格斯所指出的，燃素学说"曾足以说明当时所知道的大多数化学现象，虽然在某些场合不免有些牵强附会"[1]。从

---

① 《资本论》第二卷《序言》，人民出版社，1975年版，20页。

此，化学就"借燃素说从炼金术中解放出来"①，发展成为一门有理论的系统的科学。

当时，在科学院的论文报告会上、在实验室里、在学校的讲台上，燃素学说到处被讲述着、引用着、传播着；燃素学说，被写进科学专著，写进教科书。

燃素学说，统治着化学。

寻　找

打破砂锅问到底：燃素又是什么呢？

谁也不知道。

人们为了追根求源，开始在实验室里用各种各样巧妙的办法寻找燃素，希望能提取不含任何杂质的、纯净的燃素！

找呀，找呀，英国化学家在找，法国化学家在找，德国化学家在找，俄国化学家也在找——人们足足寻找了半个世纪，可是，谁也没有提取到一丁点儿"不含任何杂质的、纯净的燃素"。

1766 年，英国化学家卡文迪许的一个实验，深深地吸引了那些寻找燃素者的注意。卡文迪许是一个身材瘦长的人。平时，他很少说话，英国皇家学会开会时，他总是到会，但照例总是不发言，静静地坐在

———————————
① 《自然辩证法》，人民出版社，1971 年版，9 页。

那里听。虽然他说话不多,看的书、做的实验、写的论文,在科学上所做的贡献却不少。在卡文迪许家中,他认为最珍贵的东西是图书和仪器。他不太喜欢把时间花在宴会和舞会上,只喜欢一个人静静地埋头于实验。他除了出去参观工厂或者考察地质,很少外出,整天都待在实验室里。

1766 年,卡文迪许在实验中发现了这样一个奇怪的现象:把锌片和铁片等金属扔进稀硫酸里,咦,金属片顿时大冒气泡。他小心地用瓶子把这些冒出来的气体收集起来。使他惊讶的是,这些气体看上去似乎平平常常,像空气一样无色无味,然而,一遇到火星,却会立即燃烧,以至爆炸![1]

卡文迪许把自己的发现写进论文,发表了。

"燃素找到了!燃素找到了!"那些正在为找不到燃素而苦闷的科学家,一看到卡文迪许的论文,简直高兴得跳了起来。他们认为,那无色、无味的气体,就是燃素:因为根据燃素学说"金属-燃素=灰烬",可以推导出"金属=燃素+灰烬"。在卡文迪许的实验里,金属和酸液混合,放出了会燃烧的气体,而在酸中只剩下一些渣滓。因此燃素学说的支持者们解释道:在金属和酸作用时,金属被分解了,变成燃素和灰烬两部分;放出来的可燃气体就是燃素,剩下的渣滓便是灰烬。

这样,燃素学说似乎第一次获得了实验的证实。后来,又有一件事情,有力地给燃素学说撑了腰。

1785 年,俄国化学家、科学院院士托·叶·罗维兹,在圣彼得堡皇家大药房的实验室里忙碌着。罗维兹高高的前额下有一双细细的眼睛。他的周围,摆满了装着液体的瓶瓶罐罐。

那时候,医药上正需要大量纯净的酒石酸,而普通的酒石酸却总是含有许多杂质。罗维兹想:怎样提纯这些普通的酒石酸呢?

罗维兹慢慢地在火上把酒石酸溶液加热。令人遗憾的是,不论怎样小

---

[1]　实际上,卡文迪许发现的气体是氢气。

心地加热，本来稍微带点黄色的粗酒石酸溶液在蒸浓时，总是会变成一摊红褐色的浑浊的液体，最后甚至变成黑色的黏稠液体——反而比原先更加糟糕了。

罗维兹写道："这种浑浊液体使我感到特别不愉快，我从来也没有像这样强烈地希望过，希望设法避免这一不愉快的现象……"

怎么办呢？

在当时，罗维兹是燃素学说的热烈支持者之一，他开始用燃素学说的观点来分析实验室现象。

酒石酸晶体是能够燃烧的。罗维兹不由得这样想：酒石酸显然含有大量的燃素。燃素只有完全燃烧时，才会全部从物质中释放出来。而在稍微加热时，例如慢慢地蒸发酒石酸溶液，燃素只能部分地释放出来。

"也许，那可憎的红色和黑色的浑浊液体，就是放出来的燃素的化合物吧。"罗维兹这样猜测。

接着，罗维兹又想到：如果在酒石酸溶液里，加入某种能够吸收燃素的物质，岂不就能够消灭那不愉快的浑浊物，而得到纯净的酒石酸了吗？

木炭，是最富含燃素的物质之一。罗维兹知道，要是把木炭放在密闭的容器中，即使加热到极高的温度，它也不会燃烧——不肯放出燃素。[①] 这样，罗维兹认为，木炭对燃素一定是非常贪婪的。他得出了结论："如果真是这样，那么，使木炭和燃素相接触，它就能大量地吸收燃素。换句话说，如果把木炭放进酒石酸溶液，它就能吸收那可憎的红色和黑色的浑浊物。"要证明这个从燃素学说里得出来的结论是不是正确，并不困难——可动手做个实验试试看。

于是，在实验室里，罗维兹又开始加热酒石酸溶液。到了溶液里再出现那"不愉快"的红褐色浑浊现象时，就加放一些捣碎的木炭。一摇晃，

---

① 现在看来，其实这主要是因为密闭容器中缺乏氧气，而不是木炭"不肯放出燃素"。

等黑色的炭粒沉淀下去，溶液果然变得无色透明了！罗维兹把炭粒滤掉，一冷却，蒸浓了的溶液里，就出现了大块的、漂亮的、无色透明的酒石酸结晶体。

罗维兹把自己的实验经过写成论文，发表在 1786 年第一卷《克瑞里斯化学年报》上。接着，罗维兹又用木炭粉做了许多实验，证明木炭粉还能使褐色的盐水脱色，使蜂蜜、糖汁、染料脱色，可以除掉普通酒里有怪味的杂醇，可以使带有腐臭味的水变成可以喝的饮料，等等。

1794 年，罗维兹还亲自用木炭粉来净化俄国船队上不适于做饮料的水和制酒工厂里的酒精。

罗维兹的实验，再次证明了燃素学说的正确性——因为从燃素学说所得出的结论，居然被实验所证实了。①

这样，相信燃素学说的人就更多了。当时化学界的权威们，如瑞典化学家伯格曼、德国化学家马格拉夫、法国化学教授卢爱勒、瑞典化学家兼药剂师舍勒等，都是燃素学说最热烈的拥护者和最忠实的信徒。

这样，燃素学说，在化学史上几乎统治了一个世纪。②

① 现代科学证明，这实际上只是一种吸附现象，因为木炭是一种很好的吸附剂，具有很大的表面积，能够吸附色素，使溶液脱色。罗维兹从燃素学说得出结论而使实验成功，这只是偶然的巧合。罗维兹发现木炭的吸附性能，这在科学上是重大的贡献，但是，他企图以这个实验证实燃素学说，却是错误的。

② 燃素这一概念，最早是施塔尔的老师、德国科学家柏策提出的，施塔尔加以引申和发展。燃素学说在化学上的影响是很深的，虽然拉瓦锡已于 1777 年前后，以充分的实验作为根据，驳倒了燃素学说，但是许多化学家还是不相信拉瓦锡的理论，仍坚持燃素学说。如上面提到的罗维兹，在 1785 年还企图用实验证实燃素的存在。因此在化学史上，称 18 世纪为"燃素时期"。

动　　摇

在 18 世纪，科学家们不光相信有燃素存在，还相信存在着别的许多秘密的"要素"。

你要是问：铁为什么具有重量？

他们回答道：因为铁的微孔中存在"重素"。

你要是问：为什么有的东西热，而有的东西冷呢？

他们回答：这是因为热的东西里含有"热素"，冷的东西里含有"冷素"。

你要是问：空气为什么能够被压缩，而且具有弹性呢？

他们回答道：那是因为空气含有"弹性素"。

另外还解释说，光有"光素"，电有"电素"，磁有"磁素"……

那时科学家们的逻辑就是这样：遇上有什么解释不通的现象，便认为这是由于含有特殊的"某某素"的缘故。如果你再追问一句这"某某素"是什么，他们的回答是不知道，或者不可思议！

就这样，各式各样、令人眼花缭乱的特殊的"要素"，简直成了万应灵丹。当时自然科学的书籍中，满满地写着这样或那样奇妙的"要素"。

尽管千奇百怪的各种"要素"满天飞，然而，谁也没有真正见到这些"要素"。

俗话说得好："真金不怕火炼。"要分清是假金还是真金，要用火来检验；要分清是谬论还是真理，要用实践来检验。实践是检验真理的唯一标准。

燃素学说，在实践中开始遭遇重重困难。

人们发现了这样的事：一支点着了的蜡烛，如果放在密闭的罩子下，没一会儿就会熄灭掉。

蜡烛既然含有燃素，为什么在密闭的罩子里会熄灭掉呢？它所含有的燃素并没有跑掉呀！如果你把罩子打开，蜡烛照样可以点燃，发出柔和而昏黄的光。

施塔尔对于这个现象做了这样的解释：那是因为密闭罩里的空气已经"吸饱"了燃素。

他说："当空气对于燃素已经饱和了的时候，便不能再吸收燃素了。于是，蜡烛中的燃素便不得不停止放逸，火焰也就消失了。"

其实，这是一种牵强附会的解释。

至于波义耳的实验——金属在煅烧后增加了重量，也给燃素学说带来了巨大的难题，既然金属在煅烧时在不断地放出燃素，那么，煅烧以后，金属失去了燃素，照理应该比煅烧前更轻，为什么结果反而是重量增加了呢？

起初，一些为燃素学说辩护的科学家说：燃素是没有重量的东西！

可是，这样还不能自圆其说，如果说燃素没有重量，那么，金属在煅烧前后应该一样重才对呀！为什么波义耳的实验却一再证明，煅烧后金属的重量的的确确增加了呢？

于是，这些科学家又修改了自己的理论，他们说：燃素不是没有重量的东西，而是具有"负的重量"！因为地心对它不但没有吸引力，反而对它有排斥力。火焰，是燃素从燃烧物体中逃逸形成的。火焰总是向上，便是燃素具有"负的重量"向上飞的缘故。也正因为这样，当金属被煅烧时燃素就跑掉了，剩下的渣滓失去了"负的重量"，它本身的重量也就增加了。

当时，法国著名的燃素学说理论家、蒙彼利埃医院教授加勃里尔·文耐尔便宣称燃素具有"正的轻量"（亦即"负的重量"）：

"燃素并不被吸向地球的中心，而是倾向于上升，因此在金属灰渣形成后，重量便有所增加，而在它们还原时重量就减少。"

　　有趣的是，还有人把燃素比作"灵魂"。他们说，金属失去燃素，就好比活着的人失去了灵魂。人失去灵魂以后，尸体比活着时要重；死的灰渣当然也就比活的金属重。

　　这是第二个牵强附会的解释！

　　真理，放之四海而皆准；谬论，则常常矛盾重重，错误百出。燃素学说的拥护者们虽然费了好多力气，才"解释"了波义耳的实验，可是，没想到这又和另一件事相矛盾了。可不是吗？

　　许多燃素学说的拥护者一直认为，卡文迪许用金属和酸作用所获得的可燃气体就是燃素。然而，不久人们便发现这种气体是一种化学物质——氢气（当时称为"水素"），它只不过是一种普普通通的气体罢了，而且是具有一定重量的，并不具有"负的重量"。换句话说，如果燃素学说的拥护者们认为燃素具有"负的重量"，那么，氢气就不是燃素；如果认为氢气是燃素，那么，就无法解释波义耳的实验。燃素学说，可真成了"床下挥斧头——不碍上，就碍下"。

　　人们开始怀疑氢气并不是燃素，于是，燃素学说遇到了第三个困难：燃素究竟是什么？它的性质怎样？究竟能不能把它提取出来？

　　这是一个老问题——从燃素学说诞生的第一天起便存在的问题，同时也是许许多多科学家费尽心机久未解决的问题——没有提取到纯净的燃素。那些醉心于燃素学说的科学家，面对难堪的局面，又给出了新的"解释"："燃素"也好，"电素""光素""磁素"也好，这些"素"全是一些看不见、摸不着、听不到、没有重量或者具有"负的重量"的东西！这些奇妙玄虚的"素"，是没法提取出来的，因为当你把它装到任何一个密闭的瓶子里时，它会立刻穿过瓶壁，溜掉……也正因为这样，人们是无法提取这些"素"的。总之，燃素是不可捉摸的东西。

　　这是第三个牵强附会的解释！

　　鱼目岂能混珠？科学，是一门老老实实的学问；事实，是科学的最高法庭。在科学上，牵强附会、强词夺理是没有用处的，像是在石臼里捣水——白费力气。只要不符合事实，任何"理论"即使说得天花乱坠，也只能算是谬论。

燃素学说在科学实践中难以被证明，在生产实践中也是擀面杖吹火——一窍不通。在18世纪中叶，由于冶金工业，特别是钢铁工业的迅速发展，迫切地需要一种新的、正确的理论来解释金属的冶炼过程，以指导生产的进一步发展。然而，燃素学说却像一根柔软无力的蛛丝，无法鞭策生产向前发展。例如，当时炼铁厂迫切需要解决炼铁炉的鼓风问题——为什么要往炉里鼓风？风的流速多大最合适？炼一吨铁要鼓进多少空气？空气最合适的温度是多少度？……这一系列问题，都涉及燃烧的本质，是燃素学说没法解决的。

燃素学说被动摇了。

论冷和热的原因

1745年1月，在俄国圣彼得堡科学院的全体大会上，一位宽肩膀、高个儿、戴着假发的院士，大声地宣读着自己的论文：《论冷和热的原因》。

这位30多岁的院士，在论文里提出了一个崭新的观点：他不同意科学界中最流行而又最普遍的关于冷和热的看法——冷是由于物体中含有"冷素"，热是由于物体中含有"热素"。他认为，冷和热的根本原因，就在于物质内部的运动！

这是一个前所未有的观点，这是一个向当时最流行的关于冷和热原因的理论的大胆挑战。

宣读这篇论文的科学家，是俄国圣彼得堡科学院院士米·华·罗蒙诺索夫。

罗蒙诺索夫诞生在俄国北方荒僻的德维斯基县米沙宁斯卡雅村一个渔民的家里。小时候，罗蒙诺索夫常常跟着他父亲一起出海捕鱼。

罗蒙诺索夫从小就非常好学，可是，他家里很穷，父亲又目不识丁。在不随父亲下海的日子，他就常常到邻居伊凡·舒卜依家里去。舒卜依是村子里一个有学问的人，罗蒙诺索夫从他那里学会了读和写。他还向舒卜依借了许多书，一空下来，就贪婪地读着。很快，他读完了村子里所有能借到的书籍。

强烈的求知欲，驱使罗蒙诺索夫在 19 岁的时候便离开了故乡，到莫斯科去求学。他怕父亲不让他走，就在一个北风呼啸的寒夜，趁家里的人都睡着时，穿着两件单薄的衬衫和一件光板的皮袄，带着舒卜依借给他的三个卢布，偷偷地离开了家。由于身边仅有三个卢布，他不得不冒着严寒，从故乡一直步行到遥远的莫斯科！

经过长途跋涉，1731 年 1 月初，罗蒙诺索夫终于来到向往已久的莫斯科，并以优异的成绩考进了当时莫斯科唯一的高等学校——斯拉夫—希腊—拉丁语学院。

在斯拉夫—希腊—拉丁语学院里，罗蒙诺索夫第一次走进了图书馆，看到那么多书籍，简直像一个饿汉闯进一个放满白面包的厨房里，他贪婪地读了起来。

罗蒙诺索夫以惊人的勤奋和顽强的精神学习着，在一年时间里，就学完了三年的课程。在这个学院里，他并没有念完最后一个学期，因为这个学院所讲授的知识已经不能满足他的需要了。他很想探索大自然的奥秘，但是，这个学院并没有自然科学方面的课程。由于罗蒙诺索夫成绩优异，他被选派到圣彼得堡去，在那里的科学院附属的大学里学习。

罗蒙诺索夫来到圣彼得堡后，还不到一年，又被派到德国去学习冶金和采矿。在德国，罗蒙诺索夫得到了实际的锻炼，成了一个知识渊博的人。

由于罗蒙诺索夫平时刻苦学习，善于观察和分析自然界各种现象，他的科学思想远远超过了他的同时代人。

罗蒙诺索夫首先向"热素学说"开火。在《论冷和热的原因》这篇著名的论文里，他写道：

"在我们这个时代，把热的原因归结到某种特别的物质，大多数人管这种物质叫热素，另外一些人管它叫以太，还有些人甚至叫它火素。大家认为物体里所含的热量越多，那就是它所含有的热素越多……这种看法，在很多人的脑子里，已经是那样根深蒂固，以至在各种物质学的著作里也可以看到……"

波义耳认为"热素"不仅具有重量，甚至还是一种化学元素哩！他曾经排过一张化学元素表，这张表里，写着各种化学元素：铁、铜、铅、热素……

但是，罗蒙诺索夫认为这种"热素"是人们凭空臆造出来的东西。他在《论冷和热的原因》一文中问道：这种热素是从哪儿来的呢？例如："……在冬季严寒的天气中，这时好像不该有什么热素存在了吧，但是，一点星星之火，会引爆一大堆火药，燃起熊熊烈焰，这热素又是从哪儿来的呢？是什么奇怪的性质，使燃素一下子聚拢来的吗？难道它会在瞬息之间跑来又跑回去吗？……显然，这不仅和经验相矛盾，而且不合乎常情。"

罗蒙诺索夫接着写道："许多动物并不吃什么热的东西，可是，它们却浑身温暖，甚至能够把它们附近的东西也变得暖和起来。热素的拥护者和辩护者们，请解释一下，热素是怎样跑进动物身体里去的？是不是它跑进去的时候是冷的？但是，'冷的热素'——这岂不是和潮湿的干燥、黑暗的光明、柔软的刚性或者四方的圆一样荒谬滑稽吗？"

罗蒙诺索夫得出结论：这种虚无缥缈的"热素"，实际上并不存在！

冷和热的原因究竟是什么呢？

罗蒙诺索夫回答道："大家都知道得很清楚，运动会引起发热，双手互相摩擦会感到温暖；火镰打击燧石会迸出火花；接连用力锻打铁块，铁块会灼热到发红。但是，如果让它们停止运动，那么，热量就会逐渐减少，而产生的火也就熄灭了。"

但是，也有些物体看上去并没有在动，却也能发热，例如，炭在燃烧的时候，热又是从哪儿来的呢？难道这也是由于运动而产生的吗？

罗蒙诺索夫的回答是——同样由于运动而产生的。他说："因为物体能够按照两种方式来运动：一种是一般的方式，这时候整个物体不断地改变自己的位置，物体内部的粒子却是相对静止的；另一种是内部运动的方式，就是物质内的、感觉不到的粒子的位置在不断地改变。又因为在最激烈的一般运动的时候，常常不会产生大量的热，而在没有这种运动时却会产生大量的热，可见热的产生主要是由物质内部的运动引起的。"

罗蒙诺索夫最后总结道："十分明显，热的主要基础在于运动。既然运动不能脱离物质来进行，那么，热的根本原因必定是某种物质在运动。"

按照现代物理学的观点看来，罗蒙诺索夫的论断是正确的：所谓"感觉不到的粒子"，实际上就是分子。热，就是物体内部分子所做的不规则的运动。

物体越热，它内部分子的运动就越厉害。一块铁，在平常是固体，内部的铁分子只是在做微小的振动，就好像一个不倒翁似的那样左右摆动。如果把铁加热到一千多摄氏度，铁分子的运动就会大大加剧，它们不再是做微小的振动，而是离开原先的位置到处乱撞瞎逛——铁变成液体了；要是再加热，铁分子的运动会变得更为厉害——铁液沸腾，以至变成铁的蒸气。

在最低的温度——绝对零度（－273.15℃）时，物质内部的分子，几乎停止了振动，安静得像摇篮里睡熟了的婴孩似的。

罗蒙诺索夫的论文引起了科学界的争论。《论冷和热的原因》这篇论文，用拉丁文印在科学院的刊物上，被送给各国科学院、大学和图书馆。许多国家的杂志，纷纷翻译和转载了这篇不寻常的论文。

但是，罗蒙诺索夫这种大胆的见解，也受到了许多守旧派科学家的讥笑和反对。1745 年 1 月 25 日的俄国科学院的会议记录上，便曾记载着这样的话："这位副研究员（指罗蒙诺索夫）钻研关于冷和热的原理的目的和努力是值得赞许的，但是他似乎过于急躁地从事于看来是超过了他的能力的工作；尤其是当他企图对各种物质运动的原理进行探讨的时候，他丝毫没有足够的证据。"接着，这份记录还指责罗蒙诺索夫不应该攻击光荣的波义耳。尤其当时掌握俄国科学院大权的德国科学家们，更是看不起这位俄国科学家的工作，认为罗蒙诺索夫是"完全错误的"。

其实，这不足为奇，有哪一种新的理论，当它诞生时，不受到守旧派的攻击呢？有哪一种新的理论，不是在和守旧派激烈的斗争中成长起来的？

真理是多助的，真理是走遍天下都不怕的。过了 50 多年，罗蒙诺索夫的见解，得到了两位科学家有力的支持。

一位科学家叫伦福德，是美国人，移居到德国工作。1798 年，伦福德在慕尼黑造大炮。伦福德用钻头往圆钢中钻孔，制造炮筒。他发现，没钻多久，钻头热了，炮筒也热了，热得烫手！

伦福德感到奇怪：为什么会发热呢？热量是从哪儿来的呢？

热素学者们说：大抵是钻头与圆钢发生化学反应，产生了热。

伦福德不相信热素学说那一套，他认为："热可由运动产生，它绝不是一种物质。"伦福德仔细检查了钻头和圆钢，果然，它们并没有发生化学变化。

热素学者们说：也许是钻头把金属中的"潜热"——潜藏着的热素，给钻出来了。

伦福德驳斥道：潜热是什么东西？从哪儿钻出来？我不停地钻，钻头就不停地发热，哪来那么多潜热？

热素学者们说：大约是周围物体的热素跑了进来。

对这种说法，一位著名的英国科学家戴维在1799年进行了一个新的试验，给了热素学者们当头一棒。

戴维把两块冰在真空中摩擦，周围的温度低于0℃。照理，周围物体的热素是不可能跑到冰中去的。然而，这两块冰经过互相摩擦，居然都融化成水了！

戴维认为，热是"一种特殊的运动，可能是各个物体的许多粒子的一种振动"。

然而，热素学说仍顽固地盘踞在科学界，为当时的大多数科学家所接受。一直到19世纪50年代，多半人还相信热素学说——真理与谬论之间的斗争，是何等尖锐，而真理要战胜谬论，又是何等艰难哪！"举世皆浊我独清，众人皆醉我独醒。"真理最初总是在少数人手中。真理为大多数人所认识，需要时间！

波义耳错了

1756年，罗蒙诺索夫为了进一步用实验、用事实来批驳波义耳的理论，重新做了波义耳关于金属在加热后重量增加的实验。

同波义耳一样，罗蒙诺索夫的实验，也在密闭的玻璃瓶中进行，以便研究金属由于单纯的受热是否会增加重量。

这时，离波义耳当初在英国牛津所做的那个实验，已经有80多年了。在这80多年间，不知有多少著名的科学家重复地做过波义耳的实验，都得出跟波义耳相同的结果——金属在密闭的容器中煅烧后重量增加。这件事，在人们看来简直已成定论了。但是，罗蒙诺索夫所得的实验结果，却与波义耳的恰恰相反：在密闭的玻璃瓶里加热金属，金属的重量并没有增加！

这是怎么回事呢？

罗蒙诺索夫是这样进行实验的：他把金属放在一只曲颈甑里，把曲颈甑的瓶口封闭起来①，然后连曲颈甑一起放在天平上称好重量。接着，就拿去加热。等加热完毕，曲颈甑里的金属表面已经蒙上了一层渣滓。把曲颈甑冷却，仍旧密闭着瓶口（不打开塞子）放在天平上称重量。这样，前后称得的重量完全一样。

罗蒙诺索夫的实验和波义耳的实验，不同之处主要就在于：罗蒙诺索夫在整个实验过程中，一直把瓶口密闭着，没有打开。而波义耳呢？他虽然在加热时密闭着瓶口，但是，刚刚加热完毕，他立即把瓶口打开，正如他自己在论文中所写的那样："这时外面的空气发出了咝咝的声响，冲进了容器。"

波义耳的错误，就在于他虽然听到了这"咝咝"的声响，却忽视了它！

在罗蒙诺索夫的实验中，虽然金属在加热时，由于同瓶中的空气（主要是氧气）相化合而部分变成渣滓（主要是氧化物），但是，瓶口始终是封闭着的，瓶外的空气不能进入瓶里，因此瓶子的重量在加热前后依然不变。而波义耳呢？正如罗蒙诺索夫所指出的，那是因为波义耳最后把瓶子打开，瓶外的空气带着咝咝的声响闯进来："毫无疑问，这些不断地在金属表面流动着的空气微粒，会与金属相化合，因而增加了它的重量。"

罗蒙诺索夫用铁一样的事实，证明波义耳错了！他写道："这个实验说

---

① 实际上是事先稍微加热一下，使瓶内空气膨胀，赶走一部分，然后再塞上塞子。如果不这样事先加热一下，那么，在塞上塞子后，再一加热，瓶内空气膨胀，会引起爆炸。

明光荣的波义耳的意见是错误的。因为杜绝了外界的空气，煅烧后的金属重量保持不变。"

罗蒙诺索夫用铁一样的事实，证明了 80 多年以来那些按照波义耳的方法"照方配药"般的实验，也都错了！

世界上最容易的事，莫过于踩着别人的脚印走。这样做，如果前面那个人走错了路，自己也会跟着走错。因循守旧的人，就像老是围着碾子打转转的驴子一样，永远不能走别人所没走过的路，发现别人所没有发现过的东西。

既然波义耳的实验结果是错误的，那么，他所提出的"理论"——有什么玄妙的"热素"穿过瓶壁钻进瓶子和金属化合——也就不值一驳了。因为事实是理论的基础，是理论的根据，只有建立在可靠的事实的基础上的理论，才能成为可靠的理论。一旦所依据的事实动摇了，那么犹如一座建筑在沙滩上的高楼大厦一样，那"理论"势必要倒塌。

瓦上的霜，见不得太阳。热素学说在事实面前也就破产了。

伟大的定律

在古代，人们常常看到一些好像凭空而生，或者不翼而飞的现象而百思不得其解。

一颗小不点儿的种子，会发芽，会成长，鹅黄的幼芽会成长为一棵亭亭如盖的巨树。这构成树木的物质是从哪儿来的呢？真的是无中生有吗？

木头燃烧后，不见了；蜡烛燃烧后，也变得无影无踪。它们到哪儿去了呢？真的不翼而飞了吗？

每年秋天，无边落木萧萧下，大地铺满了落叶。可是，后来这些树叶又不知到哪儿去了，连一片也没看见。难道这又是不翼而飞——物质能够被消灭吗？

……

一句话，在人们面前，摆着这样的问题：物质能不能凭空产生？物质能不能无影无踪地被永远消灭？

在 2400 多年前，古希腊哲学家德谟克利特曾经做过一个正确的臆测，他在一首诗里写道：

无中不能生有，

任何存在的东西也不会消灭。

看起来万物是死了，

但是实则犹生。

正如一场春雨落地，

霎时失去踪影。

可是草木把它吸收，长成花叶果实，

——依然欣欣向荣。

明末清初，我国唯物主义思想家王夫之（1619—1692）明确提出了"生非创有，死非消灭""聚散变化，而其本体不为之损益"，认为世界上的物质是"不生不灭"的。另外，中国有句流传甚广的谚语——"巧妇难为无米之炊"。这句话其实也就是不能"无中生有"的意思。

然而，不论是德谟克利特的臆测，还是王夫之的精辟论断，在当时都并没有引起人们的重视。

有趣的是，人们每天清早去买菜的时候，除了注意今天买的是什么菜——白菜、菠菜还是红萝卜，还会注意另一件事——每样菜到底打算买多少，三斤、两斤还是十斤、八斤。自古以来，人们就注意了这两件事情。为了称菜，人们还发明了秤。

然而，在罗蒙诺索夫以前，科学家们在研究化学反应时，却并不像买菜那样，他们常常只关心经过化学反应以后得到了什么样的产物——红的、黄的还是白的？固体、液体还是气体？香的、臭的，还是没有气味？甜的、苦的、酸的、咸的、辣的，还是什么味道都没有？但是他们忘掉了另一桩重要的事情——用了多少原料，经过化学反应得到了多少产物？是多了少了，还是不多不少？换句话说，他们只是关心买什么"菜"，而不关心买多少"菜"。用化学的语言来叙述，那就是：他们只是定性地研究化学反应，却很少定量地研究化学反应。

　　"我想，"罗蒙诺索夫曾经这样讲过，"没有一个科学家不知道化学实验的方法是非常多的，但是他不能否认，过去几乎所有做实验的人，对度量和衡量这样极端重要和迫切的事情却没有提到过。然而，应用这两种量的结果，告诉了每一个在物理和化学的实验方面埋头苦干的人，这两种量，在实验的时候会给他带来多少真实的情况和敏锐的洞察力啊！"

　　罗蒙诺索夫把定量的方法运用到化学中来。罗蒙诺索夫和他的同时代的一些科学家不同，他在实验中经常使用天平，十分注意物质重量的变化。

　　罗蒙诺索夫不管做什么实验，总是要记录参加反应的各种物质的重量，和反应所得的产物的重量。关于这一点，他曾经不止一次地在自己的论文和工作日记里谈到过。

　　渐渐地，罗蒙诺索夫开始发现这样的事情：参加化学反应的物质的总重量，常常总是等于反应后产物的总重量。也就是说，在化学反应中，尽管发生了各式各样的化学反应，有的由无色一下子变得五光十色，有的由碧清透明一下子变得一片混浊，有的一下子被溶解了，有的大冒气泡……但是，物质的总重量总是不变的，既不增加，也不减少。

　　罗蒙诺索夫敏锐地看到，这一规律具有非常重大的意义，因为它指出了物质既不能无中生有地凭空产生，也不能无影无踪地被永远消灭。

　　早在罗蒙诺索夫重新校核波义耳实验的八年之前——1748年，他便清楚地阐述了这一规律。

1748年7月，著名的俄国数学家、科学院院士辽那特·爱伊列尔收到了他的好朋友——罗蒙诺索夫在7月5日写的一封信。这封信长达30页！不，这与其说是信，倒不如说是一篇科学论文。因为在那时候，邮电通信还不很发达，科学杂志不仅印数少，而且发行很慢。科学家们常常把自己的研究成果写在信上，直接寄给自己的朋友们。当朋友们收到这些信件后，常常在各地的一些学术报告会上当众宣读，这样就可以很快地把新的发现、新的理论传播开去。

在这封给爱伊列尔的长信中，罗蒙诺索夫写道："如果我没有弄错，那么，大家所知道的罗伯特·波义耳第一个在实验中证明了：金属在煅烧后，重量会增加。"但是罗蒙诺索夫并不同意波义耳的结论。接着他又写道："自然界中发生的一切变化都是这样的：一种东西增加多少，另一种东西就减少多少。例如，我在睡眠中花费多少小时，我醒着的时间也就减少多少小时，以此类推。"

用现代科学的语言来叙述，就是："在一切化学反应中，参加反应的各种物质的总重量，等于反应后生成的各种物质的总重量。"也就是说，物质是永恒的，它既不会凭空地被创造出来，也不能任意地被消灭掉，而只能相互转变。

爱伊列尔院士读完了罗蒙诺索夫的这封长信以后，深知罗蒙诺索夫的见解是和权威们的见解相抵触的，没有大量精确的实验做依据，是不能和权威们相抗衡的，更不可能使他们服输。

正因为这样，爱伊列尔非常希望罗蒙诺索夫能够继续钻研下去，深入探讨这一规律。1748年8月24日，爱伊列尔写了一封信给罗蒙诺索夫，这封信是交给圣彼得堡科学院院长拉宗夫斯基伯爵转达的。爱伊列尔顺便给这位院长附了一封信，在信里他写道："我恳请阁下为了这个物理学上极端精细的问题，转复罗蒙诺索夫：我不知道谁能比这位天才的人物更好地分析这一繁难的问题。"跟爱伊列尔所希望的一样，罗蒙诺索夫很早就想以精确的实验来论证物质不灭定律，以便发表。但是，那时的俄国科学院的大权一直掌握在德国教授们的手中。他经常遭到德国教授们的冷遇，经过了好多年的斗争，他才在瓦西匀甫斯基岛兴建起俄罗斯第一个化学实验室。

直到 1756 年，罗蒙诺索夫才有机会开始校核波义耳的实验，并且做了许多其他的实验，从根本上推翻了热素学说，建立了物质不灭的概念。

1760 年 9 月 6 日，在俄国科学院的一次隆重的大会上，罗蒙诺索夫向全体院士和许多应邀出席大会的外国科学家、外交使节，宣读了自己的论文：《论物质的固体和液体》。在这篇论文里，罗蒙诺索夫提出了物质不灭的概念。

氧的发现

罗蒙诺索夫解释在开口瓶中加热金属，结果重量增加的现象时说："那是因为不断地在热金属表面流动着的空气微粒，会同灼热的金属相化合，因而增加了它的重量。"

"空气微粒"究竟怎样和金属化合呢？空气里究竟有些什么东西？当时，氧气还没有被发现，人们对于这些问题，还不十分清楚。虽然波义耳的热素学说被推翻了，但是，要想再推翻施塔尔的燃素学说，还必须彻底揭开燃烧的秘密，必须解决空气在燃烧过程中究竟担任了什么样的角色这一问题。

实际上，燃烧就是物质和空气中的氧气激烈化合而放出光和热的过程。氧气的发现，成了揭开燃烧之谜必不可缺的前提。

据考证，中国学者马和（音译）在公元 8 世纪（唐朝）时，已经对氧气做了深入的研究，他在《平龙认》一书里，记载了氧的制取和燃烧原理。

在欧洲，人们以为氧气是瑞典化学家舍勒和英国化学家普利斯特列分别在不同的地方各自独立发现的。①

普利斯特列是英国的牧师，他写过许多关于宗教和传教的书籍，但是他也很喜爱自然科学，特别是化学。他出身于一个裁缝的家庭，很贫苦，在他 7 岁时，母亲便死了。普利斯特列是一个很文静的人，身体瘦弱，但学习很勤奋。小时候，他跟一个牧师学拉丁文和希腊文，到了 16 岁的时候，又自学法文、意大利文和德文。后来，他做了牧师，并兼任一个学校的校长。

有一次，普利斯特列偶然遇到了美国科学家富兰克林。富兰克林向他讲述了自然科学方面许多有趣的问题，一下子吸引了他。从此，普利斯特列开始对自然科学产生兴趣。他常常在空闲的时候，做着各种化学实验。特别是 1772 年以后，他在英国舍尔伯恩伯爵的图书馆里工作，阅读了不少自然科学方面的著作，更加爱上了化学。

1771 年 8 月 17 日，普利斯特列在一个密闭的瓶子里，放进一支点着了的蜡烛。蜡烛很快就熄灭了。接着，他又往瓶里放进一束带着绿叶的薄荷枝。到了 8 月 27 日，他重新往瓶里放进一支点燃了的蜡烛，蜡烛竟然能够燃烧。

于是，普利斯特列又做了另一个实验：在两个密闭的瓶子里，都插进点燃了的蜡烛，等它们熄灭之后，在一个瓶里放进薄荷枝，而另一个瓶子里什么也不放。过几天，当他再把点燃了的蜡烛插进去时，插进放了薄荷枝的瓶里的蜡烛继续燃烧着，而另一个没有放薄荷枝的瓶子，蜡烛刚一伸进去，立即熄灭了。②

---

① 普利斯特列在 1774 年 8 月 1 日发现氧气，于 1775 年发表关于氧气的论文。舍勒是 1772 年研究二氧化锰时发现氧气的，但他的论文《空气和燃烧》直到 1777 年才发表。

② 插了薄荷枝的瓶子之所以能使蜡烛继续燃烧，是由于薄荷枝的叶子进行光合作用，吸收了二氧化碳，放出了氧气。

这究竟是怎么回事呢？普利斯特列对这个奇怪的现象很感兴趣。于是，他便开始钻研这个问题。

1774 年 8 月 1 日，是普利斯特列难忘的日子，对于世界化学史说来，也是一个值得纪念的日子。在这一天，普利斯特列在自己的实验记录里，记述了一个重大的发现，现在把他的原文引述在下面：

"我在找到一块凸透镜之后，便非常快乐地去进行我的实验了。"

"如果把各种不同的东西放在一只充满水银的瓶里，再把那瓶子倒放在水银槽中，用凸透镜，使太阳的热集中到那东西上，我不知道会得到些什么样的结果。在做了许多实验后，我想拿三仙丹①来做做看。我非常快乐地看到，当我用凸透镜照射一段时间之后，三仙丹竟产生了许多气体。"

这是些什么古怪的气体呢？

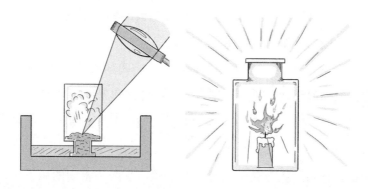

普利斯特列接着写道："当我获得了比所用的三仙丹的体积大三四倍的气体之后，我便取出了一些气体，加进一些水，发现这气体并不溶解于水。但是，使我目瞪口呆的是，当我把一支蜡烛放到这种气体中燃烧的时候，蜡烛反而发出一种非常亮的火焰。这种奇怪的现象，我真是完全不知道该怎样解释才好。"

---

① 三仙丹，即水银的氧化物——氧化汞，是红色的粉末。不过，另外还有一种黄色的氧化汞，它的化学成分和红色的完全一样，它一受热就会变成红色。它们颜色的不同，只是晶粒大小的不同造成的。

除了对这种新发现的气体做燃烧实验外，普利斯特列还把一只小老鼠放到充满这种气体的瓶子里，小老鼠在瓶子里显得挺快活，挺自在！

"既然老鼠能在这气体里舒舒服服地生活，那我也要亲自来试试看！"普利斯特列接着写道，"我用玻璃管从一个大瓶里吸进这种气体，竟觉得十分愉快。我的肺部在当时的感觉，好像和平常呼吸空气时没有什么区别，但是，自从吸进这气体后，经过好久，我觉得身心还是十分轻快舒畅。唉，又有谁知道，这种气体在将来会不会成为时髦的奢侈品呢？不过，现在世界上享受到这种气体的快乐的，只有一只老鼠和我自己！"

这种气体究竟是什么呢？

本来，普利斯特列已经知道了这种气体的几个最重要的性质，如果他再仔细地加以分析、研究，是不难揭开谜底的。可惜！普利斯特列和舍勒一样，受燃素学说的影响太深，已经成了一个十分固执的燃素论者，犹如戴上了有色眼镜，竟把树上红艳的苹果看成跟树叶一样的颜色。

普利斯特列从燃素学说观点出发，错误地进行"解释"：他认为燃烧就是燃素从燃烧物中跑出来的过程。用三仙丹加热得到的新气体，既然能够帮助蜡烛燃烧得更旺，射出炫目的光芒，那么，这一定是由于这种气体本身没有燃素，这才特别喜欢从会燃烧的物体中去吸取燃素。这样，普利斯特列就断言："这种新气体具有那样的特性，显然是因为它完全没有燃素，因而贪婪地从燃烧物里去吸取燃素。"

因此，普利斯特列把自己新发现的气体，命名为"失燃素的空气"——也就是现在我们所称的"氧气"。

恩格斯深刻地指出："普利斯特列和舍勒析出了氧气，但不知道他们所析出的是什么，他们为'既有的'燃素说'范畴所束缚'。这种本来可以推翻全部燃素说观点并使化学发生革命的元素，在他们手中没有能结出果实。"①

恩格斯还指出："从歪曲的、片面的、错误的前提出发，循着错误的、弯曲的、不可靠的途径行进，往往当真理碰到鼻尖上的时候还是没有得到真理（普利斯特列）。"②

知识就是力量。可是，错误的"理论"就像一个坏了的指南针，它不仅不能给人以力量，相反地还会使人失去综合、分析、判断事物的能力，掉进错误的泥坑。普利斯特列正是因为受了燃素学说的影响，以致铸成大错。不但如此，他到了晚年，变得越发固执。

揭开燃烧之谜

发现氧气时，普利斯特列正在英国舍尔伯恩伯爵的图书馆里工作。两个月后——1774 年 10 月，他随着舍尔伯恩伯爵到欧洲各国去旅行。

当他们经过法国首都巴黎的时候，普利斯特列应邀拜访了好客的法国著名化学家安·罗·拉瓦锡。在他们吃饭的时候，普利斯特列谈起自己两个月前的新发现。饭后，在拉瓦锡的邀请下，他把自己的实验表演了一遍。

拉瓦锡看了这个实验，深受启发。当普利斯特列告辞以后，拉瓦锡回到自己的实验室里，马上动手来做关于三仙丹的分解实验了。

拉瓦锡于 1743 年 8 月 26 日诞生在巴黎一个富裕的家庭。他的父亲是巴黎有名的律师。靠着他阔绰的父亲，拉瓦锡从从容容地从一个学校毕业，又马上升学到另一个学校。20 岁时，他便从巴黎的马萨朗学院毕业，之后又念完了法律系，取得律师的头衔。

拉瓦锡是一个博学的人，精通好几门科学。从 1769 年开始，拉瓦锡把

---

① 《资本论》第二卷《序言》，人民出版社，1975 年版，20 页。
② 《自然辩证法》，人民出版社，1971 年版，212 页。

注意力转移到化学上来。

1774 年，也就是在罗蒙诺索夫校核波义耳的实验 18 年之后，拉瓦锡又重复做着这个实验。他同样发现：如果把容器密闭起来，加热后容器和金属的总重量没有增加。但是，如果敞着口加热，那么，容器和金属的总重量就会增加。

拉瓦锡很想寻找敞着口加热时金属重量会增加的原因，但是，一直没有找到。

拉瓦锡重复做了普利斯特列的实验以后，又做了这样的一个实验：他往那个弯颈的玻璃瓶 —— 曲颈甑里，倒进一些水银。然后把曲颈的一端，通到一个倒置在水银槽中的玻璃罩里。

在实验中，普利斯特列是利用凸透镜聚集太阳光进行加热的。这样加热，一来火力不强，二来只能在中午加热一阵，不能长时间地连续加热，因此，拉瓦锡改用炉子来加热。拉瓦锡把水银加热到将近沸腾，并且一直保持这样的温度。他和他的助手轮班，日夜不停地加热了 20 昼夜！

在加热后的第二天，那镜子般发亮的水银液面上，开始漂浮着一些红色的"渣滓"。接着，这红色的"渣滓"一天多似一天，一直到第 12 天。然而，第 12 天以后，红色的"渣滓"就增加得很少。到了后来，甚至几乎没有增加。

拉瓦锡感到有点惊异。他仔细地观察了一番，发现玻璃罩中原先的大约 50 立方英寸①的空气，这时差不多减少了 7—8 立方英寸。换句话说，空气的体积大约减少了 1/6。

剩下来的是些什么气体呢？拉瓦锡把点着的蜡烛放进去，蜡烛立即熄灭了；把小动物放进去，小动物几分钟内便窒息而死了。显然，在这些气体中，没有或者很少有普利斯特列所谓的"失燃素的空气"。

---

① 1 立方英寸等于 16.387 立方厘米（毫升）。

接着，拉瓦锡小心地把水银面上那些红色的"渣滓"取出来，称了一下，重为45克。他把这45克红色"渣滓"分解后，产生了大量的气体，同时瓶里出现泛着银光的水银——"戏法"又变回来了！

拉瓦锡称了一下所剩的水银，重41.5克。他又收集了所产生的气体，共7—8立方英寸——恰恰和原先空气所减少的体积一样多！

这又是些什么气体呢？

拉瓦锡把蜡烛放进这些被收集起来的气体中，蜡烛猛烈地燃烧起来，射出炫目的亮光；他投进火红的木炭，木炭猛烈燃烧，吐出的火焰明亮到使人的眼睛不能久视。拉瓦锡断定这气体就是普利斯特列所谓的"失燃素的空气"，而那红色的"渣滓"便是三仙丹。

尽管拉瓦锡所做的实验，是受普利斯特列的启发而进行的，但是他的可贵之处在于勇敢地摈弃了燃素学说那陈腐的观点。拉瓦锡决心用崭新的观点解释这一自然现象。他说：

"我觉得这注定要在物理学和化学上引起一次革命。我感到必须把以前人们所做的一切实验看作只是建议性质的；为了把我们关于空气化合或者空气从物质中释放出来的知识同其他已取得的知识联系起来，从而形成一种理论，我曾经建议用新的保证措施来重复所有的实验。"

从漫长而仔细的实验中，拉瓦锡终于得出了这样的结论：空气是由两种气体组成的。一种是能够帮助燃烧的，称为"氧气"（也就是普利斯特列所称的"失燃素的空气"）。氧气大约占空气总体积的 1/6 到 1/5。另一种是不能帮助燃烧的，他称之为"窒息空气"——"氮气"。氮气大约占空气总体积的 5/6 到 4/5。①

更重要的是，拉瓦锡由此终于揭开了燃烧之谜：燃烧，并不是燃素学说所说的那样，是燃素从燃烧物中分离的过程；而是燃烧物质和空气中的

---

① 现在精确实验所测得的空气组成，体积百分比（不包括水汽和二氧化碳在内）如下：氮气约为 78.16％，氧气约为 20.9％，惰性气体约为 0.94％。

氧气相化合的过程。

例如，水银的加热实验便是这样：受热时，水银和氧气化合，变成了红色的"渣滓"——氧化汞（三仙丹）。由于玻璃罩里的氧气渐渐地都和水银化合了，所以加热到第 12 天以后，氧化汞的量就很少再增加。然而，当猛烈地加热氧化汞时，它又会分解，放出氧气，析出水银。

在 1774 到 1777 年之间，拉瓦锡做了许多关于燃烧的实验，像磷、硫、木炭的燃烧，有机物质的燃烧，锡、铅、铁的燃烧，氧化铅、硝酸钾的分解等，而后他提出了燃烧学说：

燃烧就是燃烧物和空气中的氧气化合的过程，在这一过程中同时产生光和热。

这样，拉瓦锡终于阐明了燃烧的本质，彻底粉碎了荒谬的燃素学说；就像一把扫帚似的，把这堆垃圾从化学领域中扫了出去。

恩格斯高度评价了拉瓦锡的功绩，指出："当时在巴黎的普利斯特列……把他的发现告诉了拉瓦锡，拉瓦锡就根据这个新事实研究了整个燃素说化学，方才发现：这种新气体是一种新的化学元素；在燃烧的时候，并不是神秘的燃素从燃烧物体中分离出来，而是这种新元素与燃烧物体化合。这样，他才使过去在燃素说形式上倒立着的全部化学正立过来了。即使不是像拉瓦锡后来硬说的那样，他与其他两人同时和不依赖他们而析出了氧气，然而真正发现氧气的还是他，而不是那两个人（普利斯特列和舍勒），因为他们只是析出了氧气，但甚至不知道自己所析出的是什么。"[①] 恩格斯在为《资本论》写的序言中，以化学史上的这个著名的事例为证，来说明"在剩余价值理论方面，马克思与他的前人的关系，正如拉瓦锡与普

---

① 《资本论》第二卷《序言》，人民出版社，1975 年版，20—21 页。

利斯特列和舍勒的关系一样"①。

在这里，应该补充说明一下的是，就其本质来说，尽管燃素学说是荒谬的、反科学的，但是，它是化学史上第一个比较统一的理论，在18世纪初叶，对于化学的发展仍有一定的贡献——它曾把化学从混乱的状态中拯救出来，使当时凌乱如麻的化学知识系统化了。

正如一个民间故事所说的那样：一个年老的农民快要死了，他故意对自己三个懒惰的儿子说，地里埋着黄金。在他死后，儿子们天天到地里去挖黄金，虽然黄金没有挖到，倒因此翻松了土地，而获得了丰收。燃素学说在化学上也起过类似的作用：人们为了提取那神秘的要素（它正像那地里并不存在的黄金一样），忙着在实验室里用各种巧妙的方法进行实验，结果虽然没有提取到什么燃素，但是因此而发现了许多新的元素、化学反应和化学规律。

也正因为这样，恩格斯历史地、辩证地评价了燃素学说的作用："在化学中，经过百年的实验工作，燃素说提供了这样一些材料，借助于这些材料，拉瓦锡才能在普利斯特列制出的氧气中发现了幻想的燃素的真实对立物，因而推翻了全部的燃素说。但是燃素说者的实验结果并不因此而完全被排除。相反地，这些实验结果仍然存在，只是它们的公式被倒过来了，从燃素说的语言翻译成了现今通用的化学的语言，因此它们还保持着自己的有效性。"② 1789年，拉瓦锡出版了他的名著《化学概论》。在《化学概论》里，拉瓦锡讲述了自己的实验，清楚地、令人信服地说明了燃烧的本质，批判了燃素学说。

拉瓦锡把自己的燃烧理论归纳成这样四点：

① 《资本论》第二卷《序言》，人民出版社，1975年版，21页。
② 《自然辩证法》，人民出版社，1971年版，33页。

1. 燃烧时放出光和热。

2. 物质只在氧气中燃烧。①

3. 氧气在燃烧时被消耗；燃烧物在燃烧后所增加的重量，等于所消耗的氧气的重量。

4. 燃烧后，燃烧物往往变成酸性氧化物，而金属则变成残渣。

在这本名著中，拉瓦锡以大量的实验为根据，用更精确的科学语言，阐述了物质不灭定律。拉瓦锡写道："物质虽然能够变化，但是不能消失或凭空产生。"拉瓦锡还用数学的形式，严格地表达了物质不灭定律，他说：

"如果我把硫酸和一种盐一起加热，而得到硝酸和硫酸钾，那么，我完全可以确信这所用的盐是硝石（硝酸钾），因为根据物质不灭定律，我可以把这场化学反应写成下列方程式：

设：x 为生成那种盐的酸；

y 为生成那种盐的碱。

那么（$x+y$）＋硫酸＝硝酸＋硫酸钾

＝硝酸＋（硫酸＋钾的碱）

所以 x＝硝酸，y＝钾的碱

这样，那种盐就必定是硝石了。"

在化学上，拉瓦锡是第一个根据物质不灭定律，用化学方程式来表示化学反应的，成为化学方程式的首创者。

新生事物在一开始，常常遭到旧势力的非难。尽管在当时，拉瓦锡已经十分明白地揭示了燃烧的秘密，但是，仍然有一些化学家还不相信拉瓦锡的实验，死抱住燃素学说不放，连著名的普利斯特列在临死时还坚持燃素学说，罗维兹在1786年还企图用实验证明燃素的存在。但"一时强弱在

---

① 这一点，一般来说是正确的，但也有例外。例如，氢气能够在氯气中燃烧，生成氯化氢，这时并没有氧气参加化学反应。

于力，千秋胜负在于理"，真理不怕时间的考验。当时拉瓦锡的学说虽然未被普遍承认，燃素学说仍占上风，可是到了 18 世纪末，拉瓦锡的学说终于被化学界普遍承认，燃素学说终于被推翻了。

定组成定律

自从发现了物质不灭定律，化学实验室开始使用天平以后，化学家们在研究工作中，都开始重视物质的重量，定量地进行研究。既然在化学反应中，参加反应的物质的总重量等于反应后生成物的总重量，那么，在反应物和生成物之间，是不是存在着一定的化合比例关系呢？这还是一个谜。

18 世纪末，法国化学家普鲁斯特的老仆人一大清早便开始在实验室里忙碌着：扫地，整理仪器、书籍和洗刷瓶子。

门铃响了，邮递员送来了一只木箱子。

老仆人过去一看，喃喃自语道："又是水！……这已是第 14 次收到装着水的木箱了。昨天刚刚收到来自日内瓦湖的水。"普鲁斯特为什么要从世界各个角落收集各式各样的水呢？难道他要开办一个水的"博物馆"？这倒真是件怪事呐！

原来，普鲁斯特在探索这样一个秘密："十个指头有短长，荷花出水有高低"，那么，世界上不同地方的水，它们的组成是不是一样？

实验结果非常有趣：不管是北方的海水，还是南方的海水；不管是欧洲的水，还是非洲的水；不管是河水、湖水，还是井水、泉水；也不管是热水，还是冷水，总之，不管水的来源怎样，除去这些水中所含的少量杂质后，所得的纯水的组成，一律都是含氧 88.9% 和含氢 11.1%（指重量百分比）——没有一个例外。①

面对着桌子上排成排的瓶子，翻阅着几个月来辛辛苦苦工作所得的分析结果，普鲁斯特终于从大量的实验数据中，斩钉截铁般地得出了这样的结论：水，是具有固定的组成的。

自然，这里仅仅是水，那么，其他的种种化合物是不是也像水一样具有固定的组成呢？结论还必须从严谨的实验中去探求。

1799 年，普鲁斯特又拿了一种绿色的铜化合物——碱式碳酸铜（分子式为 $Cu_2(OH)_2CO_3$）进行化验。碱式碳酸铜这名字听来似乎很陌生，其实，铜锅上的铜绿里就含有它，漂亮翠绿的孔雀石的主要成分也是它。

普鲁斯特首先化验了各种天然的碱式碳酸铜。他的实验记录本上，有着这样一排排同样的数据：

第一种化验结果：

含氧化铜 69.4%，二氧化碳 25%，水 5.6%。（指重量百分比，下同）

第二种化验结果：

含氧化铜 69.4%，二氧化碳 25%，水 5.6%。

第三种化验结果：

含氧化铜 69.4%，二氧化碳 25%，水 5.6%。

……

天然的是如此，人造的怎么样呢？接着，普鲁斯特又把天然的孔雀石溶解在硝酸里，再加入碳酸钾，重新得到绿色的沉淀物——人造的碱式碳酸铜沉淀。

他化验了这人造的碱式碳酸铜，结果依然是：

含氧化铜 69.4%，二氧化碳 25%，水 5.6%。

又是完全吻合！

————————————

① 这里不包括重水。

普鲁斯特对待科学研究工作，既严肃，又缜密。他虽然做了不少碱式碳酸铜的分析工作，但是，他还是觉得做得不多、不够。为了进一步获得更丰富的资料，他写了许多信给各国的科学院和朋友们，请求他们从世界各地寄来各种矿石。

接着，普鲁斯特分析了来自西班牙和日本的两种矿砂——硫化汞，测得的结果都是含86.2%的汞和13.8%的硫。他化验了来自秘鲁和俄国西伯利亚的两种氯化银，测得的结果也都是含75.3%的银和24.7%的氯。他又分析了来自世界各地的海盐、湖盐、岩盐，测得的结果都是含39.3%的钠和60.7%的氯。

普鲁斯特前后花了七年的工夫，认真地做了上千次的化学分析实验。从大量的事实中，他终于得出了这样的结论：任何纯净的化合物都具有固定的组成——不管这化合物是从什么地方得到的，也不管这化合物是用什么方法制取的。在化学上，这就是著名的"定组成定律"，又叫"定比定律"。

科学的发展总是曲折的。真理，常常是在争议中才得到进一步的考验和证实。1799年，普鲁斯特发表了定组成定律后，马上受到法国科学家贝索勒的激烈反对。

贝索勒是拉瓦锡的学生。1799年，贝索勒在埃及发表了自己的《化学亲和力定律》一文，这个定律，恰恰和普鲁斯特的定组成定律相反。

贝索勒在《化学亲和力定律》这篇论文中写道："一个化合物是没有固定的组成的。每一种物质可以按照随便什么比数同另一种物质化合。"

贝索勒和普鲁斯特一样，也是一个严谨的科学家。贝索勒并不是没有根据、凭空臆测地反对定组成定律，他也进行了许多实验，对铁的氧化物进行了定量分析，所测得的结果是：铁和氧可以按各种不同的比数化合。

这样，这两位科学家便各说各有理，在法国的《物理》杂志上，你一篇论文、我一篇论文地争论开了，从1799年一直争论到1808年，前后达九年之久。

争论并不是坏事。有不同的意见，就应该争论，只要双方都抱着去伪存真、追求真理的态度，那么，通过争论，总能够求得真理，达到统一。

普鲁斯特十分虚心地阅读了贝索勒的论文，反复考虑，觉得他所讲的也很有道理。为了弄清事实，普鲁斯特很仔细地开始进行铁的氧化物的分析工作。分析的结果表明：的确，在不同的铁矿中，铁和氧的比数常常不一样——贝索勒并没有错！然而，普鲁斯特不光是重复做了贝索勒做过的实验，还进一步做了许多新的实验，最后终于发现：原来，铁和氧的化合物有好几种，而天然的铁矿，常常是这好几种铁的氧化物的混合物！普鲁斯特确定，铁和氧的化合物中最常见的三氧化二铁（即氧化铁 Fe_2O_3）含氧 30%，含铁 70%；而另一种氧化铁（即氧化亚铁 FeO），含氧 22%，含铁 78%。在天然的铁矿里，这两种铁的氧化物都有，而且是以不同的比数相混合的，显然，在这样的混合物里，铁和氧的比数就是多种多样的，就像九曲黄河里的水一样，水流急的地方泥沙就多，水流缓的地方泥沙就少，泥水是混合物，不同的泥水中水和泥的比数各不相同。但是，纯净的水和纯净的沙（二氧化硅），它们的成分各自都是固定不变的。也就是说，定组成定律只是针对纯净的化合物而言，不适用于各种混合物。

"灯不拨不亮，理不辩不明。"通过争论，普鲁斯特终于胜利了，他的定组成定律不仅没有被驳倒，反而在争论中得到了进一步丰富，因为他从铁的氧化物的分析中，发现两种元素以不同的（然而是固定的）比数能生成两种或两种以上不相同的化合物。

在争论中，贝索勒虽然输了，但是他仍然非常高兴，他为找到了真理而高兴，而且承认普鲁斯特的定组成定律是完全正确的。

定组成定律，其实从拉瓦锡所做的实验中，早就可以看出来，因为水银在加热到第 12 天以后，空气中的氧气差不多都和水银生成了氧化汞，这时虽然水银还剩下很多，但是氧化汞的量很少增加——这说明水银和氧是以一定的比数化合的，不然，氧化汞的量为什么就不再增加了呢？只不过拉瓦锡把注意力全集中到研究燃烧的本质上去了，而没有留意这一点。

因此，直到20多年后，方由普鲁斯特发现了这一定律。

定组成定律是物质不灭定律的一个新的发展，它说明了：

在进行化学反应时，不仅反应后物质的总重量等于反应前的总重量，而且在反应中各种物质是按一定的比数进行化合的，因此任何纯净的化合物都有固定的组成。

倍比定律

普鲁斯特和贝索勒的争论，说明了这样的一个事实：两种元素能够以不同的比数化合生成不同的化合物。然而，随之也就产生了一个新的问题：这两种元素能不能以任意的比数生成许多种化合物呢？各种不同的化合物之间，是不是又存在着一定的关系呢？

答案是：两种元素只能生成有限的几种不同的化合物，并不能以任意的比数生成许多种化合物。而且，各种不同的化合物之间，存在着一定的比数关系。

这一规律，是英国化学家道尔顿在1803年发现的。

当时，道尔顿埋头于气体成分的研究工作中，研究了许许多多气体相互化合所生成的化合物。在工作中，他发现两种元素可以生成两种或两种以上的不同的化合物。他仔细地把这些不同的化合物加以对比，找出了一条崭新的规律：元素化合的比数，常常可以约成简单的整数。

以氮气和氧气为例，它俩互相化合，可以生成五种不同的氮氧化合物。如果把氮的重量看作"1"，可以得到下面的结果：

名称	氮：氧
一氧化二氮（N_2O）	1：0.571
一氧化氮（NO）	1：1.142
三氧化二氮（N_2O_3）	1：1.713
二氧化氮（NO_2）	1：2.284
五氧化二氮（N_2O_5）	1：2.855

如果你拿出一张纸来，把 0.571、1.142、1.713、2.284、2.855 都用 0.571 除一下的话，可以看出，这 5 种化合物中氧的含量之比恰巧是 1：2：3：4：5。

再以铅和氧的化合物为例：如果把 1 克铅，在空气中加热到 500℃，那么，铅和氧会化合生成红色的四氧化三铅（俗名"红丹"，Pb_3O_4，1.1029 克）；如果把 1 克铅，在空气中加热到 750℃，那么，铅会和氧化合生成黄色的一氧化铅（俗名"黄丹"，PbO，1.0772 克）。

在这里，所用的铅都是 1 克。而这两种化合物中所含的氧的重量是 0.1029 克和 0.0772 克。

它们之间的比数是 0.1029：0.0772＝4：3（因为 0.1029≈0.025 73×4，0.0772≈0.025 73×3），恰好又成简单的整数比！

这样，道尔顿得出了一个规律，用现代的说法，那就是：如果甲乙两种元素能够化合成几种化合物，那么，在这几种化合物里，跟一定量甲元素相化合的乙元素的几个量，一定互成简单的整数比。这个定律，便是著名的"倍比定律"。

道尔顿是在 1803 年发现倍比定律的，但是，当时他并没有把这一定律公开发表。1804 年，道尔顿在同英国化学家托马斯·汤姆生的一次会晤中，谈起自己的发现，汤姆生听了，非常高兴。1808 年，汤姆生在自己的《化学系统》这本书的第三版里，把道尔顿的发现写了进去。这样，倍比定律才第一次公布于世。

道尔顿是一个慎重、严谨的科学家，他在当时不愿意马上公开发表自己的定律，也是有原因的——他感到有关的实验自己做得不多。特别是在当时，普鲁斯特做了许多实验，这些实验的结果并不符合倍比定律。

那时候，普鲁斯特曾分析了氧和铜的两种不同的化合物——氧化铜和氧化亚铜，得到这样的结果：

氧化亚铜（红色，Cu_2O）　铜：氧＝100：16（重量比，下同）

氧化铜（黑色，CuO）　铜：氧＝100：25

这里，氧在两种化合物中的重量比是 16：25，不是简单的整数比，好像倍比定律对于铜和氧的化合物并不适用。

正因这样，道尔顿不愿意在问题还没有彻底弄清楚之前，就冒冒失失、轻率地发表自己的论文。也正因这样，道尔顿在遇见汤姆生时，便向他讲述了自己的发现，并谦虚地向他请教。

在 1811 到 1812 年之间，瑞典分析化学家、以分析数据精确著称的白则里，重新仔仔细细地重复做着普鲁斯特的工作——凡是普鲁斯特做过的实验他都一一重新做过，核对过，终于发现普鲁斯特对氧化铜的成分的测定，是错误的。

白则里做了实验，得到这样的结果：

红色氧化亚铜　铜：氧＝100：12.6

黑色氧化铜　铜：氧＝100：25.2

这里，两种化合物中氧的重量是 12.6：25.2，即 1：2，恰好成简单的整数比——完全符合倍比定律。也正因为实验结果不准确，因此普鲁斯特没能发现倍比定律。

倍比定律，虽是道尔顿首先发现的，但是，也和汤姆生、白则里的努力是分不开的。倍比定律，又是物质不灭定律的一个新的发展。

3 化学走向精细

培养人才的摇篮

瑞典首都斯德哥尔摩的冬天，是寒冷的。

1823 年的冬天，一位身材修长的德国青年，沿着基尔柯街往前走。他的头发很长，但是络腮胡子刮得干干净净。他手里提着行李。当他走到基尔柯街和哈坦街交叉路口时，步子慢了下来。他来到街角的一座房子前，犹豫了一下，这才伸手去按门铃。

他，就是维勒，才 23 岁，特地从德国赶来求师。那座房子的主人——贝采利乌斯，使维勒感到春风般的温暖。见面时的情景，给维勒留下了不可磨灭的印象。后来，他在《一个化学家的青年时代的回忆》一文中，这样写道：

"我站在贝采利乌斯门前按铃，心不住地怦怦直跳。来开门的人衣服整洁，仪表堂堂。望之俨然，原来是贝采利乌斯本人。

"他用友好的样子欢迎我，说已经盼望我许久了，又谈我路上的事情，自然都用德语。他熟悉德语与熟悉法语、英语一样。

"当他引我到他的实验室里时，我好像在梦中，甚至对于我怎么能来到我所希望的如此著名的实验室里，不免疑惑起来……"

贝采利乌斯，44岁，中等个子，已经有点发福了。他那长圆形的脸上，总是挂着笑容，双眼明亮、清澈，给人一种亲切、随和的感觉。

在当时，贝采利乌斯是斯德哥尔摩医学院化学和药物学教授，瑞典皇家科学院院士兼常任秘书。他名震欧洲，是人们公认的化学界权威。

贝采利乌斯曾说过这样的话：

科学是巨大的海洋。要想在这个海洋上航行，必须成为老练的舵手，必须有指路的明灯。

维勒早就钦慕这位瑞典化学大师。在维勒的心目中，贝采利乌斯就是"指路的明灯"。在1823年初夏，维勒给贝采利乌斯写了这样一封信：

"我尊敬的导师，东方的文明古国——中国有句名言，'源远而流长'。在我们这个时代，得不到瑞典著名化学大师贝采利乌斯教授的指教，将是终身的遗憾。"

贝采利乌斯呢？他很早就注意到这位年轻人的名字。他记得，两年前，维勒曾发表过一篇化学论文——平生第一篇化学论文。文章虽然不长，但是颇有见解。贝采利乌斯曾在他主编的《物理学和化学年鉴》上，著文赞赏了维勒的论文。如今，收到这位富有才华的年轻人的来信，他当然很高兴。8月1日，贝采利乌斯亲笔复信给维勒：

"到我这儿来，实在没有多少东西可学……你什么时候愿意来，都欢迎！"

9月2日，维勒在德国的马尔堡大学毕业了，获得外科医学博士学位。他回到家乡法兰克福做了些准备之后，便决心北渡波罗的海，前往斯德哥尔摩求师。

贝采利乌斯带领维勒参观实验室。维勒发觉，实验室里空气清新，没有那种化学实验室常有的怪味儿。各种玻璃仪器闪闪发亮，很有秩序地放在那里。实验桌上一尘不染。实验室旁边，是贝采利乌斯的工作室，纸、笔、手稿放得整整齐齐，窗明几净。贝采利乌斯还有一间书库，上千册藏书经严格分类，放在架上。贝采利乌斯从书库中取出一册他所需要的书，犹如探囊取物！

维勒惊讶地发现，这位鼎鼎大名的化学家，居然还没有结婚！他爱的是化学，他的心中唯有化学！

贝采利乌斯的实验室不大，他把一张实验桌和一些药品、仪器分给维勒。于是，他俩就在一起工作，朝夕相处。

维勒发觉，贝采利乌斯有着偏头痛的毛病，一发作起来，便痛苦不堪。贝采利乌斯告诉维勒，去年，由于偏头痛发作，他不得不离开了心爱的实验室，到卡尔斯巴德去疗养。在那里，他很高兴地结识了德国的大诗人歌德。嘿嘿，歌德居然也对化学产生了兴趣。离别后，歌德常常来信，还寄来一些矿石，希望他帮助分析这些矿石的化学成分。

尽管贝采利乌斯的身体不大好，不过，在维勒的印象之中，他仿佛是一个不知疲倦的人。他每天差不多都要工作 14 小时。他没有休息日。他不是在工作室里写作，便是在实验室里工作。尽管大量的仪器、书籍使房间里显得有点拥挤，但是工作室与实验室之间的过道却是畅通无阻的，便于他来回奔忙。人们曾用这样的话来形容："贝采利乌斯实验室里的沙盘，冷的时候很少；他书房里的笔，干的时候很少。"维勒觉得，这话一点也不夸张。

贝采利乌斯长期做实验，总是把烧杯、烧瓶之类放在沙盘上，用火慢慢加热，所以沙盘冷的时候很少。

贝采利乌斯不光是忙于写作论文，而且还忙于写信。他为人热情，交友甚广。他每天都收到来自四面八方的信。许多青年科学家无法来到斯德哥尔摩，便写信向他请教。他的复信，从某种意义上说，也是一篇篇科学论文。正因为这样，他书房里的笔，干的时候很少。

贝采利乌斯虽然平易近人，和蔼可亲，然而，一旦工作起来，却非常严肃。

维勒做实验，常常很快，可是比较粗心。贝采利乌斯见了，总是很耐心地对他说："博士，快是快，但是不好！"

还有一次，已经深更半夜，贝采利乌斯走进实验室，看到维勒还在那里做实验。他问道："分析沸石①的工作进展如何？"

维勒很轻松地答复道："教授，很顺利，按照您的指示，这些沉淀物再洗两三次，就可以得到纯净的氧化物了。"

贝采利乌斯一听，眉头紧蹙，摇头道："两三次？不，不，我从来没说过只洗两三次。你应当不断地洗，一直洗到没有酸为止！"

贝采利乌斯背剪着双手，在实验室里来回踱着。他思索了一阵，然后来到维勒面前，语重心长地对维勒说：

"你知道吗？我们瑞典有一个盛产珍珠的海湾。珍珠虽然漂亮，但它总是藏在贝壳里的！是啊，在科学上，没有十足的细心和耐心，是无法找到那些藏在贝壳里的明珠的！"

维勒用完化学药品，总是随手放在桌子上。贝采利乌斯不知道劝告过多少次："博士，请记住，什么地方拿的，放回什么地方。在我的实验室里，每一件东西都有它的固定的位置。科学研究，必须有条不紊地进行。养成良好的工作习惯，将会使你随时随刻拿到你所需要的东西，帮你节省时间。"

维勒在贝采利乌斯身边工作了一年。严师出高徒。从此，这位医学院毕业的博士，走上了化学研究的道路。他常常说："在贝采利乌斯教授身边

---

① 沸石，又称泡沸石，是一种含水的钙、钠以及钡、钾的铝硅酸盐矿石。现在，已能人工合成沸石，用作"分子筛"，用于净化或过滤物质。

度过的一年，使我受用一辈子！"其实，不论在维勒之前，还是在维勒之后，贝采利乌斯实验室里的那张实验桌都没有空着。贝采利乌斯很重视青年，一旦发现那些有培养前途的年轻人，总是热忱地一个接一个地把他们请来，在实验室里共同工作。他的实验室成了培养人才的摇篮！

除了维勒之外，贝采利乌斯还培养了一大批青年化学家，其中有锂的发现者、瑞典化学家阿·阿尔费德森，热化学的创始人、俄国化学家盖斯，钒的发现者、瑞典化学家塞夫斯德朗，著名分析化学家、德国的罗兹兄弟（即亨利和古斯塔夫），镧、铽、铒三元素的发现者、瑞典化学家莫桑德，"类质同晶质型定律"的发现者、德国化学家米歇里希……伯乐，不光中国才有。贝采利乌斯不就是一个非常善于发现人才而又热心培养人才的"伯乐"吗？

"追随林耐的足迹"

人们称颂贝采利乌斯是"19世纪上半叶最伟大的化学家"。这样的评价并不过分。贝采利乌斯是怎样成为一代科学巨匠的呢？

他，走过了坎坷曲折的成才之路。他那样珍惜青年人才，那是因为他有过深切的体会……

在两个多世纪以前——1779年8月20日，贝采利乌斯诞生在瑞典林可平附近的一个名叫威非松达的小村庄里。父亲沙穆伊尔是农村小学的校长，不过，他几乎没有在贝采利乌斯的脑海中留下什么印象。因为在贝采利乌斯4岁的时候，他的父亲离开了人间。

母亲带着两个孩子——贝采利乌斯和他的妹妹，没办法生活下去。两年之后，母亲改嫁，继父是一位德国的牧师，他有5个孩子。于是，他们组成了一个有7个孩子的新家庭！

不幸接着不幸。改嫁两年后，母亲就去世了。那时候，贝采利乌斯才8岁！

不幸中之万幸，继父克马克对贝采利乌斯还算不错。尽管在贝采利乌斯的母亲死去之后，继父又娶过两任妻子，但是他仍非常疼爱天资聪颖的贝采利乌斯。他并不富裕，孩子又多，却千方百计借了钱，让贝采利乌斯上学。

继父常常用手抚摸着贝采利乌斯的后脑勺，说道："孩子，你有足够的天赋去追随林耐的足迹！"

"林耐？林耐是谁？"

"连林耐都不知道？他是瑞典的骄傲——名震欧洲的瑞典生物学家。"

"一个大科学家！"

"对。你长大了，也要做像林耐那样的大科学家！"

继父的话，轻轻地拨动了贝采利乌斯的心弦。

"要做像林耐那样的大科学家！"理想的种子，在贝采利乌斯心中萌发。

贝采利乌斯还记得，在他10岁的时候，继父曾带着他到深山中打猎。

一扣扳机，"砰"的一声，小小的子弹便击倒了凶猛的野兽。

贝采利乌斯不明白，子弹哪来那么大的力量。

"那是化学的力量！"继父含糊其词地答复道。

"什么是化学？"

"化学嘛，就是炼金术。"

"什么是炼金术？"

"它能把普通的金属变成黄金！"

"嗬，能把普通的金属变成黄金？"贝采利乌斯睁大眼睛。

继父是牧师，肚子里有点学问。他跟儿子说起了炼金家们的奇迹："那些炼金家，有着许许多多奇特的药品、奇特的仪器、奇特的实验方法。不过，他们的技术是严格保密的。如果谁都知道怎样把普通金属变成黄金，那黄金也就变得和普通金属一样不值钱了。正因为这样，炼金家们用一种奇特的文字，记录他们的实验。别人看不懂。据说，三角形表示火，菱形表示肥皂……"

"哦，炼金术——化学，是这么神秘!"贝采利乌斯用迷惘的目光，注视着继父。

14岁的时候，贝采利乌斯考上了林可平中学①。大抵是常常随继父打猎的缘故，贝采利乌斯很喜欢小动物，在课余热心于采集鸟、昆虫和植物的标本。

贝采利乌斯才念了一年中学，家里经济愈发困难。没办法，他只得休学，去当家庭教师，积蓄了一点钱，第二年又回到中学。这时候，中学里来了一个新的生物教师。他刚从大西洋的西印度群岛考察归来。他绘声绘色地讲述起传奇般的见闻，使贝采利乌斯更加热爱自然，更加起劲地钻研生物学。

17岁的时候，贝采利乌斯兴高采烈地跑回家，把中学毕业文凭交给了继父。

继父终于盼到儿子中学毕业，脸上浮现着笑容。然而，当他看到文凭上的评语时，笑容顿时消失了。

评语写道，贝采利乌斯是个"天赋良好但脾气不好、志向可疑的年轻人"!

唉，这样的年轻人，怎能"追随林耐的足迹"?

继父希望贝采利乌斯继承他的事业，也去当牧师。继父说，他的父亲、祖父都是牧师。如果贝采利乌斯也成为牧师，那将是第四代牧师。

"志向可疑的年轻人"头摇得像拨浪鼓似的。

"你想干什么呢?"

"考医学院，当医生!"

---

① 相当于现在的高中。

从后门到前门

由于喜欢生物学，贝采利乌斯报考了医学院。

1796 年 9 月，贝采利乌斯告别了继父，告别了故乡，来到乌普萨拉城。他，考上了乌普萨拉大学医科。这时，他 17 岁。不久，他同母异父的弟弟也考上了这所大学。

两个儿子念大学，这对于收入不多的继父来说，无疑是个十分沉重的负担。

贝采利乌斯很爱他的继父。尽管他的亲生父母很早就离开了人世，可是继父却把他看成亲骨肉一样，尽心尽力地培养他。贝采利乌斯给继父去信，请继父不必寄钱来，因为他一边学习，一边兼职做家庭教师，收入虽然菲薄，但是可以维持生活。

贝采利乌斯艰难地在人生的道路上前进。每跨出一步，都要经过一番拼搏。

贝采利乌斯既当老师，又当学生。他常常把家庭教师的课程准备好，便开始做大学的作业。他还刻苦地学习英语、德语和法语。外语，是通向另一个世界的桥梁。每当他学会了一种外语，能够阅读外国文献，他仿佛添翅加翼，可以在科学王国中更加尽情地翱翔。他养成了不倦地工作的习惯。深夜，当他的同学们早已进入梦乡的时候，他仍在苦学。他熬红了双眼。他用加倍的努力，赢得时间；他靠加倍的毅力，超越他的同时代人。由于他的勤奋，在 1798 年，他获得了大学的奖学金。

贝采利乌斯专心致志地学习医学。他的医学成绩不错，物理学成绩在班上也名列前茅，可是，他对那个令人迷惘的"炼金术"——化学，兴趣不大，考试不及格！

化学教授阿弗采里乌斯警告贝采利乌斯："你再这样下去，可不行！要知道，如果医学是一只鸟的话，生物学是它的躯干，化学和物理学是它的双翅。不懂化学，你会从空中摔下来的。你永远不可能成为一位优秀的医生。任何药物都离不了化学！"

贝采利乌斯接受教授的忠告，开始钻研化学。他找来许多化学书籍攻读，越读越糊涂！为什么呢？

当时的化学，刚刚从炼金家们那秘密的文字中解放出来，理论上处于一片混乱之中。两军对垒，各执一说。

以德国化学家施塔尔为首的一派，主张燃素学说。他们认为，物质能够燃烧，那是因为含有"燃素"，而那些不会燃烧的物质，则不含有"燃素"。至于"燃素"是什么样的，则无可奉告。在当时的化学界，"燃素学说"占统治地位。瑞典著名化学家舍勒和伯格曼、英国著名化学家普利斯特列、德国化学家马格拉夫、法国化学家卢爱勒，都是燃素学说最热烈的拥护者。

反对派以法国化学家安·罗·拉瓦锡为首。他反对燃素学说，认为那个神秘而不可知的"燃素"，根本不存在。他主张"氧化学说"，认为物质的燃烧，实际上是物质与空气中的氧气相化合的过程。

两军开战，把化学闹得天翻地覆。

贝采利乌斯很仔细地阅读了德国化学家吉坦尼尔的《反燃素化学基础原理》。他很赞同这本书的观点。于是，他成了"反燃素派"中的一员。

当贝采利乌斯20岁的时候，这位"志向可疑的年轻人"的兴趣，从医学转向化学。他很想参加化学论战，用实验打败燃素学说。

那时候，学校规定学生每星期只上三次实验课，可是，贝采利乌斯却三天两头往化学实验室里跑。

阿弗采里乌斯教授见了，耸了耸肩膀，冷冷地对他说："你知道实验室和厨房的区别吗？"

贝采利乌斯买通了工友，每天晚上，当教授离开实验室后，他悄悄从后门溜进去，做起实验来。

从实验室窗口射出的灯光，引起了阿弗采里乌斯教授的注意。他一声不响地从后门踱了进去，在暗处仔细观看贝采利乌斯的一举一动。出乎他的意料，这位本来化学考试不及格的学生，却在那里十分内行地做实验呢！

不知道怎么回事，阿弗采里乌斯觉得喉咙痒痒的，不由得干咳了一声。

这下子惊动了贝采利乌斯。他转过身子，发觉教授正站在自己后面，脸上便露出惶恐的神色。他的脑海里闪过这样的念头："坏了，这下子准会被学校开除！"

谁知阿弗采里乌斯教授并没有责怪他，反而说道："从现在起，你可以从前门进实验室了！我同意你进实验室来。"

贝采利乌斯转悲为乐，开心地笑了。

从此，贝采利乌斯天天从前门走进实验室。在那里，他如痴如醉般探索着燃烧之谜。贝采利乌斯在自传中，曾回忆当时的情景：

"有一次，我在忙着制备硝酸的过程中，发现了一种气体，为了弄清这

是什么气体，我把它收集在大玻璃瓶里。我认为它是氧气，当我把一块刚刚点着的小木条放进这气体里，木条立刻猛烈燃烧起来，射出耀目的光芒，照亮了我黑暗的实验室。这时，我感到了一种从未有过的喜悦。"

在另一次实验中，烧瓶不慎爆炸了，炸伤了贝采利乌斯的眼睛。一个多月以后，他的眼睛才重新见到光明。有人劝他，化学太危险，到此为止吧！可是，贝采利乌斯的双脚，依然坚定地朝化学实验室走去。

也有人担心贝采利乌斯的实验太危险，说不定哪一天"城门失火，殃及池鱼"，万一炸伤了别人，那可不是说着玩儿的。

贝采利乌斯租了一间小贮藏室，独自在那斗室中进行实验。他说："要炸，就炸我一个人！"

万事开头难

人们常说："万事开头难。"

是的，一个人在事业上打响胜利的第一炮，并不容易：英国著名作家柯南·道尔所写的第一篇小说，出版商以"按短篇来要求它太长，按长篇来要求它太短"的理由，退稿了；法国著名作家儒勒·凡尔纳的第一篇作品，被 15 家出版商退稿，最后才由第 16 家出版商出版……

贝采利乌斯 21 岁的时候，详细研究了瑞典一种矿泉水的成分，写成了平生第一篇化学论文。他打算以这篇论文获得学位。可是，论文到了阿弗采里乌斯教授手中，便被否定了。阿弗采里乌斯教授不相信贝采利乌斯能够胜任这样的研究工作。

贝采利乌斯又着手研究另一个化学课题——"硝酸对乙醇的作用和氨气的性质"。写好论文之后，阿弗采里乌斯教授总算点头通过了，同意把论文转呈瑞典皇家科学院。

这位年轻人的论文送交瑞典皇家科学院之后犹如石沉大海，没有任何消息。

左等右盼，直到三年之后，贝采利乌斯才收到瑞典皇家科学院退回的论文，附了一封只有两行字的公文。

天哪，这是等了三年才得到的"批复"！那些院士顽固地维护燃素学说——把持新见解的年轻人视作洪水猛兽。正因为这样，贝采利乌斯那闪耀着真知灼见光芒的论文，被压制，被退稿。

第一篇论文，夭折了。第二篇论文，泡汤了。贝采利乌斯并没有灰心，他又在寻找新的研究课题。

大抵是年轻人对新事物最为敏感的缘故，在1800年，意大利物理学家伏打刚发明"伏打电池"，贝采利乌斯就对它产生了兴趣。据此，贝采利乌斯利用"伏打电池"产生的电流，来治疗风湿症，居然治好了一个手臂患风湿症的病人。据此，贝采利乌斯写出了论文。

1802年5月，贝采利乌斯进行论文答辩。这篇论文总算通过了，作为他的博士学位论文，题目为《电流对动物机体的影响》。

贝采利乌斯毕业了，被瑞典皇家医学会任命为斯德哥尔摩医学院的药物学讲师。

1803年，贝采利乌斯和瑞典化学家希辛格尔一起，发现了新的化学元素——铈。这位24岁的年轻人的名字，第一次引起了世界化学界的注意。发现铈，使贝采利乌斯在科学征途上结束了"开头难"的局面。他的医学博士学位，拖了两年，终于在1804年批下来了。从此，人们称他为"贝采利乌斯博士"。

贝采利乌斯不断进击，在化学上打了一个又一个漂亮仗。于是，荣誉与头衔纷至沓来：

1807年，贝采利乌斯被提拔为化学和医药学教授。

1808年，被选为瑞典皇家科学院院士。

1818 年，被任命为瑞典皇家科学院常任秘书，他担任这个职务直至去世。

1822 年起，主编重要的国际学术刊物《物理学和化学年鉴》。

当贝采利乌斯成为欧洲化学界的权威之后，各国授予的奖章、荣誉称号、头衔，更是不胜枚举。

然而，贝采利乌斯并没有忘记他的第一篇、第二篇论文的遭遇。他懂得，科学的希望在于年轻一代。正因为这样，他不断地向那些处于"开头难"的青年化学家伸出热情的手。

像福尔摩斯一样精细

这简直是魔术表演：贝采利乌斯小心翼翼地把一个瓶子里的液体一滴不剩地倒进另一个瓶子，桌子上干干净净，没有洒出半滴溶液！

贝采利乌斯不仅自己有这么一套"硬功夫"，而且要求他的学生学会这么一套"硬功夫"。

他认为，准确，是科学的生命。洒出半滴，哪怕是半滴的十分之一、百分之一、千分之一，都是不允许的，都会影响实验的精确度。

贝采利乌斯在他的著作中，曾一再叮咛道：

"稍懂化学的人必须在定量分析方面多多练习，而且一定要懂得，不深刻了解定量分析的知识，就不能成为有从事任何科学研究能力的人。必须养成尽可能精确地称量的习惯；必须善于一滴不洒地把液体从一个容器倒进另一个容器，做到即使最后一滴也不能让它流失；必须注意一切细枝末节，忽略了它们，常常会使一连几个星期辛辛苦苦的工作化为乌有！"

正因为这样，贝采利乌斯一向以实验数据精确而著称。人们总是这么说："这个数据是贝采利乌斯测定的，不会错！"

这话不假。

贝采利乌斯对于化学的一大贡献，便在于他曾花费几十年时间，精确地测定了 2 000 种化合物的百分比组成，测定了 45 种化学元素的原子量。他的这些工作，为俄国化学家门捷列夫在 1869 年发现化学元素周期律铺平了道路。

在科学上，贝采利乌斯像福尔摩斯那样精细。那时候，生产硫酸采用"铅室法"，在进行化学反应的铅室里，常常积存一些红色的沉淀。人们常把这些红色淤泥当作废物扔掉。然而，贝采利乌斯却从这些废物之中，发现了新的化学元素——硒。

在化学上，发现一种新元素，是莫大的荣誉。有的化学家苦苦求索了一辈子，没有发现任何新元素。但是，做事精细的贝采利乌斯，却光荣地成为硒、钍、硅、铈、锆这五种新元素的发现者（其中有的元素是与其他科学家共同发现的）。从某种意义上说，发现新元素犹如侦破疑难案件一般，绝不可轻易放过任何蛛丝马迹！

维勒，便曾由于一时的疏忽，坐失良机……

那是在 1828 年，维勒在分析墨西哥出产的铅矿时，觉得这种铅矿中可能有一种尚未发现的新元素。他研究了一阵子，没有查出来，便把它撂在一边，忙别的事儿去了。

三年以后，维勒听说贝采利乌斯的学生、瑞典化学家塞夫斯德朗发现了一种新元素——钒。

钒的原义，是希腊神话中一位女神的名字——凡娜第丝。

从塞夫斯德朗所描述的提取这种新元素的过程推断，钒很像维勒三年前未能查出来的那种新元素。

于是，维勒在当年用过的铅矿石上打上一个"?"，寄给贝采利乌斯。他请老师答复，塞夫斯德朗所发现的钒，会不会也是"?"。

贝采利乌斯仔细分析了维勒寄来的"?"矿石，查明这"?"就是氧化钒！贝采利乌斯给维勒写了一封风趣而又含义深远的信：

收到寄来的带有"?"标记的矿石，请允许我向你讲述一个故事。

在北方极远的地方，有一位叫作凡娜第丝——"钒"的女神。一天，一个人来敲这女神的门。女神没有马上去开门，想让那个人再敲一下，结果那敲门的人转身就回去了。这个人对于是否被请进去，显得满不在乎。女神觉得奇怪，就奔到窗口去瞧那位掉头而去的人。看后，她自言自语道："原来是维勒这家伙！他空跑一趟是应该的，如果他不那么淡漠，他就会被请进来了。"过后不久，又有一个敲门的人来了。因为这次他很热心地、激烈地敲了好久，女神只好把门打开了。这个人就是塞夫斯德朗。他终于发现了"钒"。

贝采利乌斯这封别具一格的信，借助"女神"之口告诉维勒：你既然没有一心一意地钻研下去，反而半途而废，怎么能发现钒呢？只有那些肯钻研、锲而不舍的人，才能在科学上建立功勋。

七年之后，师生之间又为发现新元素问题，进行了有趣的通信。

那时候，维勒仔细研究了一种叫作"烧绿石"的矿石，认为其中可能会有新元素。他又把样品寄给了老师贝采利乌斯，附了一封信，说道：

"……在烧绿石里，我所求索的未知数 X，只剩下两种答案——要么是钽酸，要么是新元素。"

贝采利乌斯分析了样品，回了一封风趣的信：

"现在把你的未知数 X 寄还给你。对于它，我尽可能提出了问题，但是从它那里我只得到含糊的答复。

"'你是钛吗?'我问。

"'维勒会对你说我不是钛。'矿石答道。我自己也通过实验查明了这一点。

"'你是锆石吗?'

"'不是的,我在纯碱里能溶解,形成琉璃一样的东西……锆是不会这样的。'矿石又答道。

"'你是锡吗?'

"'我含锡,但是含量很少。'

"'你是钽吗?'

"'我和钽是亲戚,可是我在氢氧化钾里会逐渐溶解形成黄褐色的沉淀。'

"'那么,你到底是什么鬼东西?'我问道。

"这时,我好像听到它回答说:'我还没有名字哩!'

"不过,我并不十分确信我听到了这句话,因为它是在我的右边说的,而我右边的耳朵又很不好使。由于你的听觉比我好得多,所以我把这个捣蛋鬼寄还给你,以便请你对它进行新的审问。"

贝采利乌斯的这封信,又有另一番深刻的含义:他给维勒许多帮助,告诉他那未知数不是钛、锆,也不是钽、锡。至于它究竟是什么,不能事事依赖老师,"请你对它进行新的审问"!

维勒曾收到贝采利乌斯几百封信。这些信件所谈论的,都是科学问题,给了维勒莫大的帮助。

贝采利乌斯去世之后,人们把他的信件加以整理,他共计收到7150封信,寄出3250封信(未被保留下来的不在内)。这些信件印成专集,共计6卷14册!

"他书房里的笔,干的时候很少。"确实如此啊!

高尚的科学道德

贝采利乌斯被人们推崇为"19世纪上半叶最伟大的化学家",不光因为他学识渊博，学术造诣很深，更重要的是由于他具有高尚的科学道德，这是最难能可贵的！

贝采利乌斯绝不掠人之美。

瑞典青年化学家塞夫斯德朗和阿尔费德森，打心底里感谢导师贝采利乌斯。不论是塞夫斯德朗发现钒，还是阿尔费德森发现锂，都是在贝采利乌斯的具体指导下进行的，他帮助他们做了许多工作。可是，贝采利乌斯却不愿被冠上元素发现者这崇高的荣誉。他推荐了学生的论文，而绝不把自己的名字写进作者的行列！

1817年，阿尔费德森在贝采利乌斯身边工作时，发现了新元素锂，当时他才25岁。连这新元素的名字——Lithium（锂），也还是贝采利乌斯给取的呢！阿尔费德森成了锂的发现者，他的名字载入了化学史册。然而，锂是贝采利乌斯手把着手帮他发现的。

贝采利乌斯为人公正。

贝采利乌斯成为化学权威之后，他要在他主编的《物理学和化学年鉴》中，对当年世界各国的化学论文进行评价。由于他是化学权威，所以他的每一句评价都举足轻重。

一位化学家曾这样形容道：

贝采利乌斯的评价，仿佛科学家共和国最高法官做出的判决！这个判决关系重大。年轻和有经验的研究家们，经常怀着恐惧的心情期待从贝采利乌斯口中说出的这个判决。那些得到贝采利乌斯赞同、嘉许的论文作者，又是感到多么骄傲，感到自己得到了多么有力的支持！

当然，有的化学家受到贝采利乌斯的批评，那"自尊心会化为毫不掩饰的仇恨"！

这个"科学家共和国最高法官"，不好当啊！

然而，贝采利乌斯并不介意。他在给维勒的一封信中，曾这么说："当我在为《物理学和化学年鉴》写评述文章时，对我来说，既无朋友，也无敌人。"

说得多好呀，"既无朋友，也无敌人"。他是一位化学法庭的"铁面包公"。他既鼓励那些有才华的青年人，也无情地抨击那些保守而又昏庸的"专家"。

贝采利乌斯曾尖锐地批评了当时英国著名的化学家戴维，指出他在《化学哲学原理》一书中常常使用"about"（大约）一词。贝采利乌斯认为，化学需要精确，必须杜绝含糊其词的"about"。他说："正是这个词，使得这位颇负盛名的科学家测定的数据不准确！"

谦逊与成就成正比。贝采利乌斯是一个十分虚心的人。

化学元素钌的发现过程，非常生动地说明了贝采利乌斯的优秀品德。

钌，是一种稀有的化学元素。在大自然中，它常常混杂在铀矿中。

事情得从铂说起。铂，也就是平常人们所说的"白金"。

贝采利乌斯曾邀请俄国的青年化学家盖斯、奥赞、弗利舍、斯特鲁威、史密特等人到他的实验室工作过。为了向贝采利乌斯致谢，俄国的财政部部长康克林曾把俄国的半磅铂送给了他。贝采利乌斯详细地进行了研究。

在 1826 年，那位在贝采利乌斯实验室工作过的奥赞，声称自己在俄国的铂矿中，发现了新元素。奥赞用自己祖国的名字——Ruthenia① 来命名它，叫作"钌"。他把论文寄给了贝采利乌斯。

贝采利乌斯重做了实验，证明奥赞的结论是错误的，便否定了他的论文。奥赞重做了实验，承认自己错了。

过了十几年，另一位俄国化学家克拉乌斯仔细研究了这一问题。他再次做实验，证明俄国铂矿中确实存在新元素——他仍用奥赞取的名字，称

---

① 这是乌克兰人对俄国的称呼。

为"钉"。也就是说，克拉乌斯证明奥赞是对的，贝采利乌斯错了！

要知道，贝采利乌斯一向以实验精确而著称。这位化学权威下的结论，怎么会是错的呢？何况，连奥赞本人都承认自己错了。

克拉乌斯一再地进行实验。实验表明，确实是贝采利乌斯错了。

克拉乌斯的心情异常矛盾。他曾写过这样一段话：

"整个化学界都在贝采利乌斯的丰功伟绩面前脱帽致敬，而我对他也永远怀着尊敬而亲切的心情。可是，我提出的事实，与这位伟大的化学家的结论相矛盾。人们会不会说我无礼呢？

"但是，我相信每一个公道的批评家都会承认我是足够审慎的，都会承认我不会是根据匆忙的研究而去冒犯权威的。

"相反，我的实验结论与这位权威的矛盾越大，我越应当谨慎小心地检查我的实验，正是这种检查使我敢于说出与权威相反的结论。"

克拉乌斯是从 1844 年开始着手研究这一问题的。他生怕出错，曾把制得的钉的样品以及实验步骤寄给贝采利乌斯。经过鉴定，贝采利乌斯答复说，那是一种"不纯的铱①"。

面对"科学家共和国最高法官"的"判决"，克拉乌斯并没有气馁。他比奥赞勇敢。他的成功，正是由于在"权威"面前不屈服，敢于坚持真理。

克拉乌斯一次又一次进行实验，每次都把样品与实验结果寄给贝采利乌斯。贝采利乌斯依旧固执己见，不承认克拉乌斯的研究成果。

克拉乌斯没有向"权威"投降。他写出了论文《乌拉尔钼矿残渣和金属钉的化学研究》。他是喀山大学化学系教授。1844 年，他在《喀山大学科学报告》上发表了自己的论文。

克拉乌斯把发表的论文连同样品寄给贝采利乌斯。这一次，贝采利乌斯非常细心地进行鉴定，终于确认克拉乌斯发现了新元素。他很后悔，由

---

① 铱已于 1803 年被发现。

于自己的过错，使这种新元素的发现，推迟了18年。

1845年1月24日，贝采利乌斯热情地复信给克拉乌斯：

"请接受我对您的卓越的发现的衷心祝贺！我赞赏您精制而得的新元素钌的样品。

"由于这些发现，您的名字将不可磨灭地写在化学史上。

"现时最为流行的做法是：如果谁成功地做出了真正的发现，谁就要做出姿态，好像根本不需要提到在同一问题上前人的研究和启示，以便不致有哪个前人来与他一起分享这发现的荣誉。

"这是一种恶劣的作风。这样的人所追求的目标，终究是会落空的。

"您的做法根本不同。您提到奥赞的功绩，推崇这些功绩，甚至沿用了他的命名。这是一种高尚而诚实的行为，您永远会在我心目中引起最真诚而深刻的敬意和衷心的同情。我相信，所有善良而正直的朋友也会向您祝贺。"

贝采利乌斯这位"科学家共和国最高法官"做出了公正裁决：承认了自己的错误，赞扬了克拉乌斯的功绩。

这，正说明贝采利乌斯的胸怀多么宽广。

这，也说明了克拉乌斯坚持真理、尊重前人的高尚品德。

科学上，多么需要提倡这样的情操，这样的道德！

统一了化学"语言"

贝采利乌斯在化学上的贡献之一，在于创立了最简便的方法用来表示化学元素，这个方法一直沿用至今。

也许会使你感到奇怪，英文中的"化学"一词经考证源于阿拉伯语，原意是"炼金术"！

在古代，人们梦想着"点石成金"，用各种化学方法进行试验。于是"化学"便成了"炼金术"。

炼金术士们生怕别人知道自己的秘密，就用各种奇特的符号表示化学元素。例如，用太阳表示金，因为金子闪耀着太阳般的光辉；用月亮表示银，因为银子闪耀着月亮般的光辉……至于一些"秘密"符号的含义，就不得而知了。

英国化学家道尔顿用各种各样的圆圈来表示化学元素。1808 年，道尔顿在他的《化学哲学新体系》一书中，采用 20 种圆圈，分别表示 20 种化学元素。限于当时的认识水平，道尔顿把石灰、苛性钾（氢氧化钾）等，也当作了"化学元素"。

这些圆圈，当然比炼金术士们的化学符号要简单一些，可是，在化学论文中画满这样的圆圈，仍是一件十分麻烦的事。

有一次，贝采利乌斯把论文送到印刷厂去排版，工人们抱怨道："我们没有这些圆圈！你在论文中画上一个圆圈，我们就得专门铸一颗'圆圈'铅字！"

工人们铸造的"圆圈"有大有小，印在论文中，非常难看。

怎么办呢？

贝采利乌斯用手托着下巴，沉思着。他想，能不能用普通的英文字母，表示化学元素呢？

他，终于制定了一套表示化学元素的办法。

他建议用化学元素的拉丁文开头字母，作为这种元素的化学符号。比如：

氧的拉丁文为 Oxygenium，

化学符号为 O；

氮的拉丁文为 Nitrogenium，

化学符号为 N；

碳的拉丁文为 Carbonium，

化学符号为 C。

如果有两种或两种以上的化学元素拉丁文开头字母相同，其中一种元素就用其拉丁文的头两位字母表示，第一位用大写，第二位用小写。例如，铜的拉丁文为 Cuprum，开头字母为 C，与碳相同，化学符号便写作"Cu"。

1813 年，贝采利乌斯在《哲学年鉴》杂志上，发表了自己关于化学元素符号的新的命名法。他的命名法很快受到各国化学家的赞同。因为新的命名法，只需用普通的英语字母，便可清楚地表示各种不同的化学元素，使用方便，排印也很方便。

不过，道尔顿却坚决反对。他用惯了那些圆圈，看不惯贝采利乌斯新的命名法。道尔顿至死仍用他的那些圆圈。

1860 年秋天，在德国卡尔斯鲁厄召开了第一次化学家国际会议。与会者一致同意采用贝采利乌斯的化学元素符号命名法——这时，贝采利乌斯已经离开人世 12 年了。

从那以后，各国的化学论文、化学教科书，都采用贝采利乌斯化学元素符号命名法，直至今日。世界上有了统一而简便的表示化学元素的符号，化学界有了共同的语言，促进了化学的发展。

56 岁才结婚

贝采利乌斯在忙碌之中，匆匆度过了他的青春。

就在他 22 岁的时候，他正忙于研究用电流治疗风湿症，一位法国姑娘闻讯前来找他。姑娘的左臂由于患风湿症，几乎丧失了活动的能力。

贝采利乌斯精心地为她治疗。白天他在实验室里忙得不亦乐乎，只好在夜里给姑娘电疗。

渐渐地，姑娘的手灵活起来了。

过了半年，姑娘的左臂竟能伸缩自如了。

姑娘对这位热情、勤奋的瑞典青年产生了爱慕之情。可是，沉醉于写博士论文的贝采利乌斯只把姑娘看成病人而已。

姑娘要回法国了，临别时，留给贝采利乌斯一封信。信中写道："让一颗少女赤诚的心，留给您作为永久的纪念……"直到这时，贝采利乌斯才明白发生了什么事情！

不过，忙碌的科学研究工作，使他没有多少闲情考虑个人的生活。特别是当他获得博士学位之后，他心中所爱，唯有化学！

他，对于建立化学原子论，做出了重大贡献；

他，把原子论引入电化学，创立了新的理论；

他，为化学定性分析、定量分析奠定了理论基础；

他，首先提出了"有机化学"这一概念；

他，深入地研究了催化原理……

贝采利乌斯日夜兼程，每天处于超负荷状态。

虽然一位帮助他料理实验室的女助手曾经对这位忙碌而辛苦的化学家产生了同情甚至爱慕。可是，他根本没有工夫考虑爱情。在他的脑海里盘旋的，是烧杯、药品、论文！

年岁不饶人。过了 50 岁，贝采利乌斯的偏头痛三天两头发作，身体健康状况每况愈下。许多朋友都好意地劝他应该考虑结婚了。

一直到 56 岁，贝采利乌斯才认为自己"稍微有点空"，这才准备结婚。

那年，他在给李比希的信中说：

"整个夏天，我的健康状况很坏……

"我要在 12 月里结婚，现在正在尽力把我的单身汉的家布置得能够让妻子住进来。当然，结婚以后，我的化学研究要受到许多限制，而在这以前它却独占一切!"

他的妻子，是他的老朋友、瑞典国务大臣波皮乌斯的大女儿，名叫约甘尼·叶里查维蒂，24 岁。论年龄，还不及贝采利乌斯的二分之一，但是他们之间的感情却很真挚。

举行婚礼那天，斯德哥尔摩轰动了。瑞典各界名流云集贝采利乌斯家里，他疲于接待各方贵宾。瑞典国王查理十四也特地写来贺信，授予贝采利乌斯男爵爵位。这个出身贫穷的孤儿，成了瑞典王国的骄子。

鲜花和荣誉包围了贝采利乌斯。他家门庭若市，高朋满座。

然而，他却竭力摆脱那些耗费时间的送往迎来，仍埋头于他的化学研究。

由于过度疲劳，他的偏头痛越来越厉害。在 68 岁那年，他又患上背痛，只能整天困坐在安乐椅上，无法做化学实验了。不久，他双腿瘫痪了，不得不卧床静养。他明显地衰老了，甚至连提笔写字的气力都没有了。

在这样艰难的时刻，贝采利乌斯仍记挂着化学研究工作，记挂着他的学生们。他叮嘱维勒来完成化学教科书的修订再版工作。

1848 年 8 月 7 日深夜，这位化学巨匠离开了人世，终年 69 岁。他被安葬在斯德哥尔摩近郊的墓地里。

人们对这位化学巨匠的功绩，做了这样的评价：

他以自己杰出的研究工作，丰富了化学的各个领域；不论在实践上还是理论上，他都同样出色；他把零散的化学知识系统化，使化学成为一门严谨的学科；他热情地帮助年轻的一代，尽了自己最大的力量；在化学史上，他是光芒四射的先驱……

4 "生命力论"的破产

"身在曹营心在汉"

"严师出高徒。"维勒，是贝采利乌斯最得意的门生。

虽然维勒只在贝采利乌斯身边工作过一年，然而，他毕生师事贝采利乌斯。他与贝采利乌斯过从甚密，几乎每个月都收到贝采利乌斯的信。正因为这样，贝采利乌斯去世时，他整理出贝采利乌斯写给他的几百封信，送呈瑞典皇家科学院，表示他对导师的缅怀之情。当然，这件事也足以说明维勒十分精细，把贝采利乌斯在 25 年间写给他的信件，全都编号保管，无一遗漏。

维勒，1800 年 7 月 31 日生于德国法兰克福附近的埃合海姆村。他的父亲是当地颇有名气的医生。

小维勒又瘦又高，像绿豆芽似的。大脑袋上长着一对招风耳朵。他除了喜欢画画，学习成绩一般，并没有什么过人之处。

大抵是望子成龙的缘故，维勒的父亲对他寄托了莫大的希望。家庭是富裕的，完全有能力让维勒从小学念到大学。父亲希望维勒像他那样，也成为一位受人敬重的医生。

维勒念中学的时候，有一件事，曾使父亲大为生气。

维勒爱看"闲书"，一有空，就到父亲的藏书室里翻书看。但他对那些医学书籍没有多大兴趣。偶然间，他找到一本哈金著的《实验化学》，非常喜欢。他把这本书从头读到尾，挑选了其中比较简单的化学实验，想试着做。好在父亲是医生，从他的药房里不难找到化学药品。

维勒找到一块硫黄，按照书中所说，用火点燃，硫黄燃烧起来了，漂亮的浅蓝色的火焰左右晃动，使小维勒感到新鲜极了。硫黄燃烧后还冒出一股白烟，呛得小维勒不停地咳嗽，眼泪像断了线的珍珠般掉了下来。可是，小维勒全然不顾，醉心于欣赏那奇特的浅蓝色的火焰。当然，父亲的鼻子很快就发觉那呛人的烟味。他认为儿子"不务正业"，气呼呼地收掉了化学药品、仪器。最使小维勒痛心的是，父亲把那本《实验化学》也收走了！

没有《实验化学》，没办法再做化学实验了。化学，已经使小维勒入迷。怎么办呢？小维勒还算机灵。他记起父亲有个好朋友——布赫医生，是一个很有学问的人，一定会有化学书。

小维勒匆匆地跑到布赫医生家。

果真，布赫医生家里有很大的书房，各式各样的书摆放在书橱里。

布赫医生很喜欢小维勒。他指着一个书橱说："这儿全是化学书。"

天哪，整整一书橱的化学书！小维勒高兴得跳了起来。

小维勒怯生生地问道："能借我一本看看吗?"

布赫医生爽朗地大笑起来，说道："孩子，你爱看哪一本，你就拿走。我可以送给你!"

啊，这简直连做梦都想不到!

从那以后，小维勒成了布赫医生家的常客。

布赫虽然是医生，但是很喜欢化学。他有那么多的化学书籍，正是他喜欢化学的证明。

他常常跟小维勒谈论化学，说起贝采利乌斯、戴维、拉瓦锡……

小维勒看完化学书，总是送还给布赫医生。他不敢放在家中，生怕被父亲发现。他一本又一本地接着读，几乎读遍了那书橱里的化学书。

小维勒对伏打电池产生了兴趣。他想依照法国化学家盖·吕萨克的电解方法制取金属钾。书中说，金属钾像石蜡一样柔软，可以被小刀切成一块块，放在水里可以燃烧，射出明亮的光芒。啊，这是多么有趣的金属，如果能够亲手制造出这样的金属，多么有劲!

制造伏打电池，需要铜和锌。法兰克福造币厂的一位技师慷慨地送给小维勒十多枚铜币。不久，这位技师又把一些金属锌送给了他。这么一来，伏打电池的原料问题解决了。

伏打电池总算做成功了。不过，小维勒一直未能制取金属钾。

一次，小维勒的妹妹拿着电线玩，电流从她的身体通过，把她吓了一跳。这事儿传进父亲的耳朵，父亲生气了，把小维勒的伏打电池一股脑儿从窗口扔了出去……

"小化学家"又一次蒙受了沉重的打击。不过，化学的种子已经在他的心中发芽。

父亲固执地希望儿子学医。1820 年，维勒 20 岁的时候，他考入马尔堡大学学医。维勒"身在曹营心在汉"，他虽然学医，心中爱的却是化学。他的寝室里，放满各种药品、烧杯、烧瓶，简直成了化学实验室。课余，维勒沉醉于化学实验。

维勒写出了平生第一篇化学论文。他很幸运，论文经布赫医生的推荐发表了。这时他才 21 岁。正是这篇不长的论文，引起了贝采利乌斯的注意，并在《物理学和化学年鉴》上赞扬了他。维勒走上成功之路，要比贝采利乌斯顺利得多，这和维勒出自名门，又有布赫医生的支持分不开，而孤苦伶仃的贝采利乌斯硬是依靠自己不懈的奋斗才脱颖而出 —— 在那样的社会里，这样的事例是不足为奇的。

"不打不相识"

维勒决心献身化学。

维勒倾慕德国化学家利奥波德·格麦林的大名，离开了马尔堡大学，前往海德堡大学求学。

非常意外，格麦林竟然认为，维勒不必听他的课！

"格麦林教授，要知道，我还从来没有听过一次化学课。"维勒恳求道。

"不，不，你确实不必来听化学课。我读过你的化学论文。凭你写那篇化学论文的水平，根本不必再听化学课！不过，你可以到我的化学实验室里做你的实验。"

格麦林教授的赏识，使维勒感激涕零。

于是，维勒照旧在海德堡大学学医，课余从事化学研究。有了格麦林教授的指点，有了设备完善的化学实验室，维勒的化学研究工作大有长进。

格麦林教授是研究氰化物①的专家。在他的指导下，维勒开始研究氰酸。

维勒测定了氰酸的化学成分，指出它是由碳、氮、氢、氧4种元素组成的。22岁的维勒发表了平生第二篇论文，公布了他所测定的氰酸的化学成分。

紧接着，维勒又制得了氰酸银和氰酸钾，测定了它们的化学成分。23岁的维勒，又顺利地发表了平生第三篇论文。从21岁起，他每年发表一篇化学论文，干得相当出色。就在维勒发表第三篇论文时，格麦林教授提醒他："请你注意一下德国化学家李比希刚发表的论文！"

那时候的李比希，才20岁。维勒赶紧查阅了李比希的论文。奇怪，李比希测定的一种叫"雷酸"的化学物质，成分竟跟氰酸差不多！

氰酸跟雷酸，化学性质截然不同，氰酸很稳定，雷酸很易爆炸。不同的化合物，怎么会具有相同的成分？

氰酸　　　　　　　雷酸

不久，如本书第三章开头所写，维勒来到斯德哥尔摩，来到贝采利乌斯身边。维勒迫不及待地向这位"科学家共和国最高法官"提出了自己的疑问。

"最高法官"怎么判决的呢？

———————————

① 氰，化学式为$(CN)_2$，是碳、氮两元素的化合物。氰化物是指含有CN（氰基）的化合物。剧毒的氰化钾，就是著名的氰化物。

他说："在维勒和李比希两人之中，总有一个人测定错了！"

那么，究竟谁错了呢？

"最高法官"没有答复。

这时，李比希也看到了维勒关于氰酸的论文。他同样感到疑惑不解。

于是，李比希拿来氰酸银进行分析，发现其中含有氧化银 71%，并不像维勒所说的是 77.23%。李比希发表论文，认为维勒搞错了。

维勒又重做实验，发现李比希搞错了，因为李比希所用的氰酸银不纯净。维勒进一步测定，认为氰酸银中所含的氧化银为 77.5%。

就这样，维勒和李比希，你一篇论文，我一篇论文，展开了激烈的争论。

1826 年，李比希发表论文，说他提纯了氰酸银之后，所得结论与维勒一样，同时纯净的氰酸银成分也与他所测得的雷酸银的化学成分一样。

对此，他们无法解释：两种显然不同的化合物，怎么会有相同的成分呢？

尽管维勒和李比希都在德国工作，不过，维勒在柏林，李比希在吉森，两人从未见过面。他们之间，只能通过信件和论文交换意见。他们多么渴望见面畅谈呀！

1828 年年底，维勒从柏林回故乡法兰克福度寒假。他见到了布赫医生，非常高兴。

一天晚上，维勒正在老同学施皮斯医生家里围着壁炉聊天，这时，响起敲门声。

门开了。门外站着一位 20 多岁的青年，身材瘦长，前额宽广，两道浓眉下双眼闪闪发亮。

"哟，什么风把你吹来了？"施皮斯一眼就认出来，这是李比希。李比希路过法兰克福，来看看老朋友施皮斯。

"李比希？"维勒一听这熟悉的名字，赶紧站了起来。

两人都想不到会在这儿相遇。这是他们平生第一次见面。

壁炉的火光，把两位青年化学家的脸映得通红。

他俩真是恨相见太晚，还来不及寒暄，就谈起了氰酸、雷酸，雷酸、氰酸。

俗话说："不打不相识。"他俩在激烈的争论中结为知己。

经过详尽的讨论，他们认为双方都没有错。

"最高法官"曾说："在维勒和李比希两人之中，总有一个人测定错了！"如今，维勒和李比希测得的结果一样，都没有错，究竟是怎么回事？

他们又向"最高法官"贝采利乌斯请教。

这一回，贝采利乌斯没有马上答复。他亲手重做维勒和李比希的实验。嘿嘿，"最高法官"发现维勒没有错，李比希也没有错，而是自己当年的"裁决"错了！

1830年，贝采利乌斯提出了一个崭新的化学概念，叫作"同分异性"。意思是说，同样的化学成分，可以组成性质不同的化合物。他认为氰酸与雷酸，便属于"同分异性"，它们的化学成分一样，却是性质不同的化合物。在此之前，化学界一向认为，一种化合物具有一种成分，绝没有两种不同的化合物具有同一化学成分。

贝采利乌斯正确地"裁决"了维勒和李比希之间的论战，使化学向前迈进了一步。

贝采利乌斯还发现，酒石酸与葡萄糖，也是"同分异性"的孪生姐妹。

从那以后，维勒和李比希之间的友情，越来越深厚。

论性格，维勒和李比希截然不同：李比希热烈、爽快，一激动起来脸红脖子粗，好动、好斗；维勒温和、文静，哪怕被指着鼻子批评也不会动气，爱静、爱思索。李比希看到别人稍有错误，马上就会批评，而且有时往往批评过火。不过，一旦他发现自己错了，就会立即承认，"闻过则喜"。维勒不经深思熟虑，不经自己实验，绝不轻易批评别人，而且讲话极注意分寸。然而，共同的事业——化学，使他们成为诤友、畏友、莫逆之交。

他们多么想在一起工作啊！

1831年，李比希想办法给维勒在卡塞尔艺术学院找到了工作。维勒毅然离开了首都柏林，到小城市卡塞尔工作，他的目的只有一个——离李比希近一点。

其实，卡塞尔到吉森也不算近，相距100公里。可是，终究要比柏林近得多。一有空，不是维勒上吉森去，就是李比希到卡塞尔来。他们携手合作，以两人的名义，发表了几十篇化学论文！

在给维勒的一封信中，李比希说：

"我们两人同在一个领域中工作，竞争而不嫉妒，保持最亲密的友谊——这是科学史上不常遇到的例子。我们死后尸身将化为灰烬，而我们的友谊将永存！"

维勒在给李比希的信中则说：

"用我们共同名义发表的某些短文，其实是我们之中的一个人所写的。用两人的名义共同发表，为的是纪念我们的友情。"

人们曾这样评论维勒和李比希的友谊：

在世界化学史上，恐怕没有比他们两人合作得更好的了！他们为什么会有如此深厚的友谊？那是因为他们都正直无私，对学问务求研究透彻，在科学面前老老实实，有了这许多共同点，他们才会携手并进，成了挚友。

李比希谈及他和维勒一起做实验的事时说："当一个人需要帮助的时候，另一个人则早已做好准备，我们两个人犹如一个人似的。"

结婚后两年，维勒的妻子不幸病故。为了减轻挚友的痛苦，李比希把维勒接到自己家中住，安慰他，并和他一起研究苦杏仁。

维勒深为感动，在后来给李比希的信中说：

"你以亲爱之意接待我，留我如此之久，我不知应当如何感谢你。当我们在一起面对面工作时，我是何等快乐！"

"吾爱吾师，吾更爱真理！"

古希腊学者亚里士多德有一句名言："吾爱吾师，吾更爱真理！"

维勒毕生崇敬他的导师贝采利乌斯。然而，为了追求真理，他与他的导师之间，曾有过一场极为激烈的论战……

那是在1824年，维勒刚刚离开贝采利乌斯，从瑞典返回德国。

维勒又埋头于研究氰酸。

有一次，维勒打算制备氰酸铵。照理，往氰酸中倒入氨水，就可以制得氰酸铵。他在氰酸中倒入氨水之后，用火慢慢加热，想把溶液蒸干，得到氰酸铵结晶体。不过，蒸发过程实在太慢了。维勒一边加热，一边忙着把从瑞典带回来的化学文献译成德文。

临睡前，维勒看到溶液已经所剩无几，便停止加热。

清晨，他一觉醒来一看，咦，奇怪，蒸发皿中竟然出现了无色针状结晶体。显然，这与他过去曾制得的氰酸铵结晶体不同。

照理，在氰酸铵中加入氢氧化钾溶液，加热以后，会放出氨，使人闻到臭味。可是，这种针状晶体溶解后加入氢氧化钾，不论怎么加热，都没有发出氨的臭味。

奇怪，这是一种什么样的"氰酸铵"呢？

当时，维勒忙于别的事儿，来不及深究，一放便是四年。

1828年，当维勒重新制得这种"氰酸铵"时，没有轻易放过这个问题。

经过仔细研究，他证明这种针状结晶体并不是氰酸铵，而是尿素！

尿素，存在于动物和人的排泄物里。人的尿里，便含有许多尿素。一个成年人每天大约排出 30 克尿素。维勒制得的尿素，与尿中的尿素一模一样。

维勒马上意识到这一发现的重要性。因为他知道，尿素属于有机化合物①。他却是用无机物——氰酸和氨制得了尿素。这在化学史上是空前的。在此之前，没有任何人曾用人工方法制造出有机化合物。（虽然在 1824 年维勒曾用人工方法制成了草酸，草酸也属有机化合物，不过，由于草酸并不是很重要、很典型的有机化合物，没有引起注意，维勒本人也把它轻轻放过了。未经深思熟虑，他是不轻易表态的）

维勒立即想到了他的导师贝采利乌斯。在化学上，早在 1806 年，贝采利乌斯便首先提出"有机化学"这一概念。

维勒兴奋地给贝采利乌斯写信：

"我要告诉您，我可以不借助于人或狗的肾脏而制造尿素。可不可以把尿素的这种人工合成物看作用无机物制造有机物的一个先例呢？"

意想不到的是，贝采利乌斯对维勒的发现非常冷淡。

贝采利乌斯在指出"有机化学"这一概念时，曾再三强调：

"……在有机物的领域中，元素服从着另外一种规律，那和无机物领域所服从的规律是不同的……有机物是生命过程的产物，所以它只能在细胞只受到一种奇妙的'生命力'的作用时才能产生。"

他把"有机化学"称为"研究在生命力影响下形成的物质的化学"。

那么，"生命力"是什么东西呢？

他的答复是："神秘的，不可知的，不可捉摸的，抗拒任何理论上的解释。"

这便是所谓的"生命力论"。

维勒的发现，显然是对"生命力论"的沉重打击。它证明，不依赖神

---

① 在化学上，把碳的化合物（除一些简单的碳的化合物如一氧化碳、二氧化碳、碳酸、碳酸盐之外）称为有机化合物，而把不含碳的化合物称为无机化合物。

秘的"生命力"，可以用人工方法制成有机化合物。

师生之间，产生了严重的分歧。

贝采利乌斯曾经说过这样的话："习惯于固定的见解，常常会导致错误。"美玉也有瑕疵。由于"生命力论"这一"固定的见解"的影响，导致这位化学权威犯了不小的错误。

贝采利乌斯复信给维勒，挖苦地问他，能不能在实验室里制造出一个小孩来？

还有人牵强附会地跟随着这位权威的调子说，尿素本来就是哺乳动物和人的排泄物，是不要了的废物，不能算"真正的有机物"，充其量是"介于无机物与有机物之间的东西"！

维勒呢？他很冷静。即使是导师的话不符合科学，他也并不偏听偏信。他敢于坚持真理。[①]

实践终于证明，真理在维勒手中：1845 年，人们用人工方法制成了重要的有机化合物——醋酸。紧接着，又人工合成了酒石酸（葡萄里含有它）、柠檬酸（存在于柠檬汁与橘子汁里）、琥珀酸（存在于葡萄里）、苹果酸（许多未成熟的水果里含有它）……1854 年，人们还用甘油和脂肪酸人工合成了油脂。

"生命力论"终于彻底破产了。

贝采利乌斯依旧坚持他的"生命力论"。不过，在给维勒的信中，他也不得不承认维勒的功勋：

"谁在合成尿素的工作中奠下了自己永垂不朽的基石，谁就有希望借此走上登峰造极的道路。的确，博士先生你正向不朽声誉的目标前进。"

维勒呢？他却说：

"目前，有机化学是令人瞩目的。对于我来说，它是一片浓密的森林，

---

① 后来查明，尿素与氰酸铵属"同分异性"，它们具有相同的化学组成。用氨和氰酸既可制得氰酸铵，也可制得尿素。

一片漫无边际的森林，我愿闯进去……"

的确，维勒勇敢地闯了进去，成为这片处女地的第一批开荒者之一。他不畏艰难、披荆斩棘的首创精神，为他赢得了崇高的声誉。

尽管师生之间发生如此尖锐的论战，而且维勒是胜利者，然而，维勒始终对导师怀着深深的敬意。正因这样，亲密的师生之谊，一直存在于贝采利乌斯与维勒之间。

维勒也像贝采利乌斯一样，很注意培养青年。他的一生中，有 60 年是在当教师，曾培养了几万个学生。

维勒在化学上做出了杰出的贡献，赢得了很高的声誉。柏林、吉森、波恩、斯德哥尔摩、巴黎、圣彼得堡、伦敦、都柏林……许多科学院和大学都聘请维勒担任院士或者名誉教授。

法国化学家德维尔制得了金属铝之后，人们曾用这种当时非常稀罕的"贵金属"铸成奖章，奖章的一面铸着拿破仑三世的肖像，另一面则铸着维勒的名字和"1829"字样，因为维勒在 1829 年第一个用钾分解无水氯化铝，分离出金属铝。不久，拿破仑三世聘请维勒担任名誉顾问。

维勒非常谦逊。他写了《分析化学实验教程》一书，不愿署名。为什么呢？"因为这类小册子人人皆能写得出也。"

1882 年 7 月 31 日，是维勒的 82 岁寿辰。许多知名人士都赶来祝贺。在寿宴上，维勒乐观而幽默地说道："诸位庆贺我的生日，未免太性急了点。等我活到 90 岁，再来祝贺也不算晚。"

就在他讲过这话之后不到两个月——1882 年 9 月 23 日，他与世长辞。

人们用这样简洁的话，概括了维勒漫长的一生：

他的一生无日不在化学之中度过——不是学化学，就是教化学，或者研究化学！

维勒临终留下遗嘱，他的墓上不设置铜制或者大理石制的纪念碑，而只放一块石头，刻着他的姓名——不允许刻上他的任何"头衔"!

维勒逝世之后，人们统计了一下，他发表过化学论文 270 多篇，获得世界各国给予的纪念荣誉达 317 种。

又是一个小化学迷

维勒的密友李比希，比他小三岁，1803 年 5 月 12 日出生于德国的达姆施塔特。

维勒的父亲是医生，李比希的父亲则是药剂师。达姆施塔特城一条狭窄的弄堂里，门上挂着"乔治·李比希药房"招牌的，就是李比希的父亲开设的药房，是李比希度过童年的地方。

弄堂附近还有染坊和制革作坊，那也是小李比希爱去的地方。药房、染坊、制革作坊，与化学有着千丝万缕的联系。李比希爱上化学，最初就是从那儿开始的：各种各样的化学药品，是怎么回事呢？衣服是怎样被染上各种漂亮的颜色的？鞣革又是怎么一回事？最有意思的是，父亲还常常自己动手，制造颜料、染料、化学药品。李比希喜欢充当父亲的小助手，慢慢地，他熟悉了许多化学药品的名字和化学实验的方法。

李比希也挺喜欢他的邻居艾斯纳叔叔。艾斯纳简直像魔术师似的，能够用碱和油脂做原料，生产出一块块雪白的肥皂来。李比希从他那里也懂得了许多化学常识。

渐渐地，李比希能够读懂父亲的那些制药手册。他几乎读遍了家中的藏书。

有一次，父亲要试制一种新药，可是，在制药手册上查不到关于这种新药的制造方法。父亲太忙，就派李比希到宫廷图书馆去查阅。

平生第一次，李比希来到了书的海洋之中。他看到书架上成架的图书，惊讶极了。

图书管理员听说这孩子要借化学书——那是一些就连大人也看不大懂的书籍，感到惊奇。

他很热心地把李比希领到一个书架前，指着满架的书说道："这些都是化学书！"就像维勒在布赫医生家的化学书橱前入了迷一样，李比希站在宫廷图书馆那满架的化学书籍前，流连忘返！他翻阅着一本本化学书，才知道原来化学是一门内容非常丰富的科学。宫廷图书馆，像磁石一样吸引着李比希。从那以后，他三天两头到那儿去。尽管他那瘦小的个子和厚厚的书本不大相称，然而，小小年纪，他竟读完了 32 卷的《化学词典》！书，是没有围墙的大学；书，是打开科学之门的金钥匙；书，是不会说话的老师；书，是科学征途上的向导。正是那满架的化学书籍，使小李比希深深地爱上了化学。

小李比希十分认真，他按照书架上书的顺序，逐本细读。图书管理员告诉他，书的顺序是按图书的类别摆放的，不像课本，要从一年级起按顺序读。小李比希笑了，他说，这样按顺序读书，为的是不至于漏读一本！

上中学的时候，教拉丁语的老师是中学校长。有一次，上课的时候，李比希的脑海中翻腾的不是拉丁语，而是化学。他走神儿啦！

忽然，他发觉校长正站在他的面前，用严厉的目光注视着他。

"李比希，你重复一下我刚才讲的动词！"校长提高了声调说道。

李比希涨红了脸，答不出来。

"像你这样，怎么行呢？你不好好学习拉丁语，长大了想干什么呢？"校长数落着他。谁知李比希霍地站了起来，大声地回答道："我长大了要当化学家！"

"哈哈哈哈"，教室里哄堂大笑。

这时，李比希的脸，反而没有红。他想，长大了要当化学家，这有什么可笑的呢？

21 岁当教授

想不到，没多久，这位"未来的化学家"，被校长勒令开除了！

那是在一次上课的时候，忽然从操场上传出"轰"的爆炸声，全校都惊动了。

校长和老师们循声跑到操场，看到李比希正在与他的同学们兴高采烈地欢呼着。

原来，李比希那个班级没有课。"小化学家"从家里带来了炸药，在操场上表演爆炸，给同学们看。

校长对李比希的印象本来就已经不好，这一次，他勃然大怒，斥责李比希破坏校规，把他开除了。

这时候，李比希才15岁。

失学了，怎么办呢？

正好，李比希的父亲有个同行叫皮尔斯，开设了一间药房，需要一名学徒。于是，李比希就到那儿去，充当小学徒。

皮尔斯先生挺喜欢李比希。然而，没多久，他下了逐客令，把李比希辞退了！

为什么呢？

原来，皮尔斯先生见李比希伶俐能干，又喜欢化学，就腾出阁楼，给他当实验室。

这当然使李比希欣喜若狂。这位15岁的小学徒，做完他学徒的本分事儿之后，便把全部时光消磨在那小阁楼里。他依旧对炸药非常感兴趣。当他知道雷酸银和雷酸汞①具有爆炸的性能，竟然着手制造起来。他在金属银（汞）中倒入较多的硝酸和少量盐酸，慢慢加热，制成硝酸银（汞），然后往里倒进酒精……这样，就制得了雷酸银（汞）。

刚制得的雷酸银（汞），是潮湿的。放在那里，慢慢变干了。他不知道干的雷酸银（汞）是脾气异常暴躁的家伙。一天，他在做实验的时候，研磨用的研杆不小心从桌上滚下去，正好落在放雷酸银（汞）的器皿里。

"轰"的一声，猛烈的爆炸把屋顶掀掉了。李比希呢？被埋在砖头之中！

虽然他很幸运，没有被炸伤，然而，皮尔斯先生再也不敢雇用这个小徒弟了。他担心小李比希总有一天会把他的整个药房炸个粉碎！

唉，两次爆炸，一次使李比希失学，一次使李比希失业。没办法，他只好回到父亲身边。

---

① 雷酸汞俗称"雷汞"，是现在常用的起爆药，雷管里便装着它。

幸亏李比希的父亲还算比较开明，不像维勒的父亲那样对儿子的志趣横加干涉。回家后，李比希帮助父亲照料药店，充当助手。

"我想研究化学，我长大了要当化学家！"李比希总是在父亲耳边苦苦哀求。

父亲深知，儿子要研究化学，要当化学家，志向是值得赞许的。可是，要研究化学，就得上大学。他有六个孩子，药房的收入又很有限。他犹豫、考虑再三，终于同意了李比希的要求。

就这样，17岁的李比希，考入了波恩大学，成了大学生。

虽然李比希向往的是化学，然而，那时候最时髦的是"形而上学哲学"。后来，李比希竟放弃了化学，花费两年时间，去听哲学课程！

李比希把这件事引为终生的遗憾。后来，他在一篇文章中回忆道：

"那是一个崇尚言论、思想而鄙视实际知识和实验的时代。我年幼无知，抵御不了这种占统治地位的思潮。我专心于研究形而上学哲学。我两年宝贵的光阴就这样白白浪费掉了！"

一位化学教授发现了李比希在化学方面的才华，允许他到化学实验室里工作，这才使他从歧路上折回，继续从事雷酸研究。

不过，李比希是一个很活跃的人。他参加了大学生中的社团，从事政治活动。

1822年，李比希所参加的政治团体被德国政府取缔。李比希匆匆逃往法国巴黎。这位19岁的青年第一次来到异国，马上敏锐地感觉到：当时的德国讲究虚饰，而当时的法国却很讲究实际。

他下决心踏踏实实地学习化学，不再追求做个时髦的哲学家。

他很幸运，得到了著名法国化学家盖·吕萨克教授的赏识，并当上了他的助手。

在盖·吕萨克教授的指导下，李比希终于查明了雷酸的化学成分。1823年，这位20岁的青年，发表了第一篇化学论文。他跟维勒的争论，就是这篇论文引起的。

盖·吕萨克教授和洪堡德教授都很赞赏李比希的才华。1824 年，当李比希决定返回德国时，两位教授专门给德国政府写了推荐书。这样，李比希一到德国吉森大学任教，便被破格提拔为"编外教授"。这时，他才 21 岁！两年后，他被任命为正式教授。

从粗心到细心

1826 年，李比希从法国的《物理和化学年报》上，读到了法国青年化学家巴拉尔的论文《海藻中的新元素》，吃了一惊！

巴拉尔在论文中说，两年前，他才 17 岁，是法国一个药学专科学校的学生。当时，他在他的故乡——蒙彼利埃研究盐湖水，从湖水中提取食盐之后，往剩余的母液中通进氯气，就可以得到红棕色的液体。他知道，那红棕色的东西大概是"氯化碘"。（请注意，李比希看到"氯化碘"这几个字时，几乎要跳起来了）

光是"大概"不行，巴拉尔决定证实一下那红棕色的东西是不是氯化碘。

照理，氯化碘是一种不稳定的化合物，加热一下就会分解。可是，那红棕色的东西不会分解，而且有一股刺鼻的臭味。

巴拉尔还研究了海藻。他发现，把海藻烧成灰，用热水浸取，再往里通进氯气，这时，除了得到紫黑色的固体——碘的晶体以外，也得到了红棕色的液体。

经过仔细研究，巴拉尔断定那红棕色的液体是一种未被发现的化学元素。巴拉尔把它命名为"溢"，希腊文的原意就是"盐水"的意思。

巴拉尔把自己的发现通知了法国科学院。科学院把这个新元素改称为

"溴"。希腊文的原意就是"臭"的意思。

李比希看完论文，直跺脚，后悔莫及！

为什么呢？

几年前，曾有一位商人，拿着一瓶从海藻灰中提取的红棕色的液体，请他鉴定。他没有深入研究，却告诉商人那是氯化碘，并在瓶上贴上了标签。

就这样，由于他的粗心，他坐失良机，错过了发现新元素的机会。

李比希非常惋惜。他发表文章说道："不是巴拉尔发现了溴，而是溴发现了巴拉尔！"由于发现溴，巴拉尔的名字被载入了化学史册。

李比希勇于改错。他把那张贴在样品瓶上的氯化碘标签，小心地取了下来，挂在床头，作为教训。他还常常把它拿给朋友们看，希望朋友们也能从中吸取教训。

后来，在书信中谈到这件事时，李比希曾这样写道：

"从那以后，除非有非常可靠的实验作根据，我再也不凭空地自造理论了。"

不过，李比希是一个性急的人，要一下子改掉粗心的缺点，并不容易。从1831年起，他负责主编德国化学界的年鉴。他要对每篇论文加以评论。

要评论，就得验证论文，要重复别人的实验。李比希匆匆忙忙地做着实验，常常出错，使他所写的评论不准确。于是，李比希遭到许多人的指责。

好在李比希是个爽快的人。别人的批评即使很尖锐，只要说得对，他就欣然接受。他说，他追求真理，服从真理。

渐渐地，他变得细心起来。

1837年，李比希访问了英国。

在英国的所见所闻，使他深为激动。他曾说：

"我乘的是火车，这就是文明！每小时行驶 10 英里，用鸟飞的速度前进！我激动得像个小孩子一样，高兴得简直跳起来！"

有一次，英国同行陪他到一家工厂考察。这家工厂正在生产蓝色绘画颜料"柏林蓝"。他看到工人们把原料倒入大铁锅之后，一边加热，一边用铁棒吃力地搅拌着溶液，发出很大的响声。一位工长告诉李比希："搅的响声越大，柏林蓝的质量就越好。"

李比希细心地听着。回去以后，他一直在思考这个问题："为什么搅拌的声音越响，柏林蓝的质量就越好呢？"

后来，他终于查出原因，写信告诉那家工厂："用铁棒搅拌使铁锅作响，无非是使铁棒和锅摩擦，磨下一些铁屑来，使它与溶液化合。如能在生产时加入一些含铁的化合物，不必用力摩擦铁锅，柏林蓝的质量同样会提高。"

那家工厂照李比希的话去做，果真那样。从此工人们的劳动强度大为减轻。

两次争论

李比希和维勒是好朋友，他们之间有过激烈的论战。李比希虽然没有在贝采利乌斯身边学习过，但是他也非常尊敬这位化学界的前辈，把他看作自己的老师。他与贝采利乌斯之间常常通信。就在他们之间，也曾有过尖锐的论战。

第一次论战是从 1836 年开始的，之后，李比希和贝采利乌斯争论了十多年。

那时候，人们发现一种奇特的化学现象：一杯双氧水，安安静静地搁在那里，如果放进一块铂（白金），马上会气泡翻滚，放出氧气。反应结束后，铂好端端的，未损一根"毫毛"!

说是铂参加反应了吧，可它好端端的，一切如旧；说铂没有参加反应吧，可是，铂一放进双氧水，双氧水立即气泡翻滚。把铂一取出来，气泡便不见了。

这是一种什么样的化学反应呢？

1836年，贝采利乌斯发表了论文，第一次提出新名词——"催化反应"。他认为，催化反应是"在这样一些物质的参加下引起的，这些物质的成分不包含在最后产物中，因此它们在反应中没有被利用"。他还认为，催化反应是在"催化力"的作用下发生的，而"催化力"是对原子极性的某种影响，它可以增大、缩小或改变这种极性……

李比希强烈地反对贝采利乌斯的观点。他发表论文，认为接受"催化力"这个概念，"会导致以一个未知解释另一个未知"。

他们热烈地争论着。论战把讨论引向深入，使人们逐步深入了解催化作用原理。争论表明，贝采利乌斯的许多观点是可取的，而李比希也在争论中不断修正自己的观点，使理论得到完善。

如今，"催化化学"已成为化学中一个新的学科。当人们谈论起这门新学科时，称赞贝采利乌斯与李比希的论战本身是一种"催化剂"，加速了"催化化学"的诞生。

第二次论战从1843年一直延续到贝采利乌斯去世。

"有机化学"这一概念，是贝采利乌斯首创的，是他对化学的重大贡献。

紧接着，他提出了关于有机化合物的理论。他认为，在有机化合物中，氧是最重要的元素。[①] 所有的有机化合物，都是由带负电的氧和带正电的"复合基"两部分组成的。贝采利乌斯的这一理论，称为"二元论"。

意想不到，法国化学家杜马从一件生活小事入手，使"二元论"难以

---

① 后来，科学家证明，在有机化合物中，碳是最重要的元素。

0

0

0

自圆其说。

那是在 1843 年，杜马到王宫参加舞会。那时候没有电灯，王宫里点了数百支蜡烛。别人忙于跳舞，杜马却注意到蜡烛散出来的气味有点刺鼻。

杜马仔细一了解，原来那些蜡烛是用蜂蜡制成的，曾用氯气漂白。

奇怪，用氯气漂白以后，氯已经散失了，蜡烛怎么还会有刺鼻的酸酸的气味呢？

这样，杜马从舞会上的蜡烛进行"推理"，认为很可能在漂白时，氯取代了蜡烛中的氢。

杜马进一步用醋酸进行试验，通入氯气以后，制得了氯醋酸。氯，可以取代醋酸中的氢，变成氯醋酸。这么一来，证明了有机物未必是由氧的"复合基"组成的。因为氯是带负电的，按照贝采利乌斯的理论，它应该取代氧，而不应该取代带正电的氢。杜马的发现，是对"二元论"莫大的打击。

可是，贝采利乌斯不认输，想出各种各样的理由进行解释，依旧维护着"二元论"，犹如他顽固地维护"生命力论"一样。

李比希参战了。他鲜明地支持杜马。

李比希很诚恳地向贝采利乌斯指出："我们争论的焦点在你主张维持你原有的理论，而我主张把它改进和进一步发展。"在争论中，贝采利乌斯明显地处于不利的境地，陷入了困境。在他的晚年，他变得越来越保守，缺乏自我批评精神，固执己见。

眼看贝采利乌斯步步败退，李比希赶紧写信给维勒：

"贝采利乌斯在为一场输了的事业而战斗……我恳求你，亲爱的维勒，为了我们最尊敬的老师，你去进行干预吧！"

可惜，贝采利乌斯连维勒的话都没有听进去。一直到去世，贝采利乌斯仍坚持错误的"二元论"。

李比希像维勒一样，"吾爱吾师，吾更爱真理"！

尽管李比希由于脾气急躁，在化学上犯的错误比贝采利乌斯要多得多，然而他从不坚持错误，这一点是难能可贵的！

这场激烈的论战中，还发生了有趣的小插曲。

杜马能够从蜡烛的气味之中发现重要的线索，这说明杜马十分细心。这下子，杜马很快就被记者们包围，而同行们也夸奖他。

杜马得意起来。对助手做的实验未经复核，他就轻率地得出这样的结论：氯不仅能够置换有机物中的氢，还能置换碳，而且置换以后物质的性质没有明显改变。

科学真理是很严谨的，一寸就是一寸，一尺就是一尺。真理向前跨进半步，有可能便会成为谬误。

杜马因细心而发现真理，紧接着，又因粗心而失去真理。

就在这个时候，德国的一家科学杂志，发表了一篇奇特的论文。论文中说：

"根据来自伦敦的最新消息，英国化学家们已能够把棉纤维中所有的原子用氯置换，而棉纤维的性质不变。据说，伦敦的商店里已在出售一种由纯粹氯制成的布匹，这种布匹极其适宜于缝制睡帽、衬裤和极为优良的暖和的腹带……"

论文的作者，是"S. C. H. Windier"。

论文发表后，在化学界传为奇闻、笑谈。因为谁都未见过这种用纯粹氯制成的布匹。人们纷纷打听，这位"S. C. H. Windier"究竟是谁。

过了好久，人们才明白，如果把"S. C. H. Windier"所有的字母一起拼读，谐音便是德语中的"骗子"！

论文的真正作者，出乎人们意料，竟是李比希！当时，李比希跟杜马发生了激烈的论战。李比希坚持，氯绝不能把有机物中的碳一一置换。为了抨击杜马，李比希"创作"了那篇用"S. C. H. Windier"署名的近似于讽刺小说的化学论文。

李比希的这种做法当然不足取。不过,从中也可以看出他的性格和当时论战的激烈程度。

心理学家曾把人们的性格分为三类:A 型文静含蓄,B 型活泼开朗,C 型易争好斗。如果说维勒的性格属于 A 型,那么李比希的性格就属于 C 型了。

农业化学的鼻祖

李比希和维勒曾有过密切的合作,共同发表了几十篇论文。后来,维勒转向研究有机化学,李比希转向研究农业化学,尽管他们依旧那样亲密无间,但是共同合作不多了。

那时候,农业化学是一片无人涉足的处女地。

这是一种十分奇怪的现象:尽管每个人都离不了穿衣吃饭,而衣服和粮食又都离不了农业,可是,在化学家之中几乎没有人愿意研究农业!为什么呢?据说那是因为农业化学没有什么"理论价值"……

正因为没有人研究农业上的化学问题,所以千百年来,一直流传着十分奇怪的"理论":"人和动物总是以有机物(即植物和动物)为食物,庄稼也是以有机物为'食物'(即肥料)。"

于是,人们只往田里施绿肥,施粪肥。可是,光施这些有机肥,庄稼的产量并没有明显提高。

庄稼喜欢"吃"什么呢?

庄稼是"哑巴",不会回答。

为了探索庄稼的秘密,1837 年,李比希在吉森大学附近雇人开垦荒地,种上了庄稼。他给庄稼"吃"各种各样的"菜"——无机盐,希望弄清庄稼的"胃口"。

哪块地里的庄稼长得茂盛，就说明庄稼喜欢"吃"什么。

很快，李比希发现，庄稼非常喜欢吃"钾"和"磷"。

在农业化学上，这是具有重大历史意义的发现！

为了给庄稼大量供应钾肥，李比希办起了钾肥厂。农民们听说钾肥能增产，闻讯而来，向李比希订购钾肥。

就这样，李比希获得了生产钾肥的专利权。

消息传到英国，一个叫莫斯普拉特的商人向李比希购买了专利权，办起了钾肥厂。

李比希还发明了制造磷肥的方法。

如果说，许多化学家所研究的定律、结构、化学成分之类只有理论意义，那么李比希的这些研究就具有重大的现实意义。他的著作《化学在农业中的应用》成了畅销书，几天内就销售一空。

一位评论家曾这样评论道：

"世界上没有任何学者对于人类的贡献，能与李比希相比！"

这话固然有点偏颇。不过，李比希的研究工作，使庄稼的产量成倍增长，造福于全人类，这不能不说是他的巨大贡献。

平心而论，李比希所做的实验，并不太高深，也不太复杂，要查清庄稼需要"吃"什么并不太难。问题是当时的化学家们瞧不起这样的研究工作，以为没有"理论意义"，而李比希勇于冲破习惯的偏见，让化学为千百万人的穿衣吃饭问题服务。

李比希成了农业化学的开山鼻祖。

李比希一生写了318篇论文，在分析化学、有机化学、生物化学方面，也做出了许多贡献。

他与维勒齐名，也获得许许多多荣誉头衔、奖章、奖金。1845年，德国政府封他为男爵。

李比希培养了一大批年轻的化学家。他的学生之中，有法国著名化学家查尔斯·武尔兹，英国化学家爱德华·福兰克兰，德国有机化学家赫尔曼·斐林，德国分析化学家卡尔·弗雷泽纽斯，法国化学家查理·日拉尔，意大利化学家阿斯卡尼奥·索伯雷罗，俄国化学家沃斯克列森基……

李比希心直口快，胸无城府，常与人争论，以致他的论敌达几十个之多！他花费很大精力与人展开论战。晚年，他患上了失眠症。

李比希在 23 岁时结婚，妻子叫亨利艾塔·莫顿豪尔。他们有五个孩子。

尽管李比希一再说过这样的话："一个人应该从事创造性的劳动，但是也应该善于休息。"然而，他经常从黎明工作到黄昏，又从黄昏工作到黎明，以至连他的仆人都常常这样抱怨：

"您整天都在实验室里工作，使得我简直没有机会打扫它！"

1873 年 4 月 18 日，李比希因患肺炎在慕尼黑去世，终年 70 岁。

关于贝采利乌斯、维勒和李比希的故事，写到这儿，该画上休止符了。

如果你把刚才读过的故事，在脑海中"过电影"，一定会发现，他们三人性格迥异——贝采利乌斯精明，维勒冷静温和，李比希热情豪放；他们三人出身不同——贝采利乌斯出身清贫之家，维勒诞生于富豪望族，李比希出自小康之家。

然而，他们三人又有许多共同点：

他们都从小爱科学，是小科学迷；

他们作为师生、挚友，都曾有过争论，但是争论增进了友谊，争论促进了科学发展；

他们都把毕生精力献给了化学，贝采利乌斯在 57 岁才算"有点空"成了家，维勒"一生无日不在化学之中度过"，李比希"整天都在实验室里工作"；

他们三人都很注意培养人才，培养青年一代……

正是因为他们都具有这些优秀的品格，所以他们的名字一直在化学史上放射出夺目的光芒。

也正因为这样，尽管他们离开人世已经 100 多年，关于他们的故事还值得印成书，还值得向你介绍……

5 无畏的探索者

"不可思议的东西"

你看过电影《血的秘密》吗？那位著名的血型专家杨斯基突然心脏病发作，他的助手赶紧去买硝酸甘油药片。当药片买到的时候，杨斯基已经离开了人世，助手为自己迟到了一步而热泪盈眶、悔恨不已……

硝酸甘油，俗名叫硝化甘油。它具有扩张血管的作用，所以成为医治心脏病的特效药。有的心脏病人衣袋里总是放着硝酸甘油药片，以便在心脏病突然发作时服用。

也许会使你感到惊讶：这种治疗心脏病的特效药，居然跟炸药结下了很深的"友谊"，以至如今一谈到无烟炸药的发明，就不能不提到硝酸甘油……

说来话长。

1847 年，意大利青年化学家索伯雷罗把纯甘油滴入浓硫酸与浓硝酸的混合液中，经过搅拌后，发生了化学反应，一种油状的液体出现在容器的底部。

这油状的液体，就是硝酸甘油。人们用酒精稀释硝酸甘油，把它作为治疗心脏病的特效药。

一件意外的事情发生了：有一次，索伯雷罗想制取更加纯净的硝酸甘油，就把它加热、浓缩，轰的一声，硝酸甘油爆炸了，把玻璃烧杯炸了个粉碎，也炸伤了索伯雷罗的手和脸！

治疗心脏病的药物会爆炸，这在当时简直是不可思议的事情。

于是，硝酸甘油得到了一个特别的名号，叫作"不可思议的东西"！

这"不可思议的东西"非常厉害，动不动就会"发脾气"——爆炸。谁要是去碰它，研究它，谁就可能丧生！

就在这时，有一个勇敢的瑞典青年科学家，却冒着生命的危险，开始进行驯服硝酸甘油这匹烈马的工作。

"危险分子"

这位瑞典青年科学家，就是阿尔弗雷德·伯纳德·诺贝尔。

1833 年 10 月 21 日，诺贝尔诞生在瑞典首都斯德哥尔摩。

诺贝尔的父亲是一个水手，后来当过建筑工程师。一次火灾中，他的财产被烧毁，他只好借债度日。诺贝尔四岁的时候，老诺贝尔离别了妻儿，离别了祖国，到芬兰谋生。不久，他又来到俄国。在那里，老诺贝尔发明了水雷，受到了俄国皇室的重用。

诺贝尔有两个哥哥，一个弟弟。八岁的时候，诺贝尔在斯德哥尔摩的雅拉布小学读书。在那里，他只念了一个学期。由于老诺贝尔在俄国找到了工作，全家就搬到圣彼得堡。

到了圣彼得堡，诺贝尔听不懂俄语，没办法上学，只好跟两个哥哥一起在家自学。从此，诺贝尔就没有进过学校。他的学问全靠自学得来。

由于老诺贝尔研究水雷，诺贝尔对炸药产生了莫大的兴趣。

1860 年，诺贝尔从杂志上看到了意大利化学家索伯雷罗所写的关于硝酸甘油的论文。论文中，索伯雷罗除了大段大段地讲述硝酸甘油的性质及可做治疗心脏病的药物，还谈到了那次爆炸。他写道："这种液体会因加热或震动而爆炸，将来能做什么用途，只有将来的实验能告诉我们。"

索伯雷罗的这段话，引起了诺贝尔的注意。他想，硝酸甘油能够爆炸，那么，能不能把它用来制造炸药呢？

于是，诺贝尔开始着手用硝酸甘油制造炸药。不过，硝酸甘油是液体，使用不便。诺贝尔就把硝酸甘油与黑火药混合在一起，做成炸药。

诺贝尔的父亲和兄弟也帮助诺贝尔一起研究这种新的炸药。

然而，研究炸药可是一项非常危险的工作。

1788 年，法国著名化学家贝索勒曾发现，用氯酸钾代替硝酸钾来制造黑火药，可以增加它的爆炸力。

于是，贝索勒邀请了法国著名化学家拉瓦锡以及许多政界要人，前来观看他所试用的新炸药。

贝索勒忙于招待客人们吃饭，只有他的助手在那里混合制作炸药。这时，有一位工程师和一位富绅的女儿吃完饭之后，也踱过去观看贝索勒助手的工作。

"轰！"炸药在混合过程中，不慎爆炸了。贝索勒的助手、工程师和那位富绅的女儿，全都死于非命！

正因为这样，许多人不敢研究炸药，对炸药望而生畏。

许多人好心劝告诺贝尔："不要去干这种危险的工作。当你研究的时候，死神就站在你的背后！"

诺贝尔却笑了笑，说："不入虎穴，焉得虎子！"

不幸的事情果然发生了。

1864 年 9 月 3 日，在诺贝尔的实验室里，硝酸甘油猛烈地爆炸了，诺贝尔的四个同事以及他的弟弟埃密·诺贝尔都被炸死了。当时,诺贝尔正巧因忙于他事,不在实验室里,幸免于难。

因为这次重大事故,老诺贝尔受到很大的打击,病倒了。

诺贝尔在掩埋了同事和弟弟的遗体之后,毫不气馁,又开始着手研究炸药。他真是一个不屈不挠的人。他坚信,在驯服烈马的时候,总会发生摔伤以至摔死的事情,但是只要勇敢地坚持下去,烈马总是可以驯服的。

为了不至于危及四邻,诺贝尔来到斯德哥尔摩郊区的马拉湖,租了一艘平底船,在船上进行各种试验。

就这样,诺贝尔在船上制成了大量的硝酸甘油,将它作为炸药。人们把这种油一样的炸药,称为"炸油"。

实验证明,"炸油"的爆炸力,比黑火药要大得多!

这样一来,许多国家向诺贝尔订购"炸油",于是,诺贝尔办起了生产"炸油"的工厂。

马车夫的启示

诺贝尔的"炸油"工厂开办不久,一连串沉重的打击相继而来:

1865 年 12 月,美国纽约市的一家旅馆门前,发生了一次猛烈的爆炸,路面被炸出了一个一米多深的坑。剧烈的爆炸声震坏了好多窗子的玻璃。人们查明,原来是一个德国人携带着 10 磅硝酸甘油朝旅馆大门走去时发生了爆炸,德国人当场被炸死。人们调查发现,这个人所带的硝酸甘油是诺贝尔工厂生产的!

1866 年 3 月,澳大利亚悉尼城的货栈被炸毁,损失惨重。经查明,爆炸是由货栈里的两桶硝酸甘油引起的,生产者为诺贝尔工厂!

1866 年 4 月,在巴拿马的大西洋海岸,一艘名叫"欧罗巴"号的轮船被炸毁，沉入海底，有 74 名乘客丧命。这船上所携带的货物中，就有诺贝尔工厂生产的硝酸甘油。

紧接着，美国圣弗朗西斯科的一座仓库又发生剧烈爆炸，14 人当场死亡。爆炸是由诺贝尔工厂生产的硝酸甘油引起的！

············

这么一来，诺贝尔工厂的信誉扫地，人们纷纷要求诺贝尔赔偿损失。"炸油"，无人敢买。

英国政府颁布命令，禁止生产、销售和运输硝酸甘油。

法国、葡萄牙政府也相继发布了类似的禁令。

人们纷纷指责诺贝尔，指责那位首先发现硝酸甘油的索伯雷罗，并把诺贝尔称作"贩卖死亡的商人"！

对于接二连三的爆炸事故，诺贝尔当然是痛心疾首的。不过，他并没有灰心。他想：硝酸甘油炸毁了仓库和轮船，这本身就说明硝酸甘油具有很强大的摧毁力，是一种很好的炸药。问题是这种炸药的脾气太暴躁，受热或受到稍微的震动，就会爆炸。关键就在于寻找到一种方法，使硝酸甘油变得"听话"——在平时不爆炸，只有在起爆时才爆炸。也就是说，要使硝酸甘油在平时像绵羊一样温驯，而在需要它爆炸时，却像狮子一样勇猛！诺贝尔刻苦地钻研着驯服硝酸甘油的方法，费尽了心力，却怎么也找不到它。

有一次，诺贝尔在海滩上散步。这时，传来了一阵嘚嘚的马蹄声，一辆马车迎面而来。

诺贝尔一眼就看到，马车上装着许多罐子——这是他所熟悉的装硝酸甘油的罐子。有几个罐子已在运输途中被震破了。

当马车从诺贝尔身边驶过的时候，诺贝尔猛然叫住了马车夫，他担心马车上的硝酸甘油随时会爆炸。

但是，他所担心的事并没有发生，只见那些罐子之间塞着什么东西，而这些东西是他所不认识的。

"这是什么?"诺贝尔问道。

"你不知道?这是硅藻土啊!"马车夫答道,"塞上硅藻土,可以防止罐子互相碰撞。万一罐子破裂了,硝酸甘油流出来,也会被硅藻土吸收,不会到处流淌。"

马车走远了,诺贝尔却呆呆地伫立在海边,反复思索着马车夫刚才说过的话。

真是"踏破铁鞋无觅处,得来全不费工夫",马车夫的话,给了诺贝尔极大的启示。诺贝尔想:马车上的硅藻土,已经吸足了硝酸甘油,却安然无事,不会爆炸。硅藻土是一种质地松软、多孔的东西,如果用它吸收硝酸甘油,制成炸药,岂不就解决了大问题?

这种硅藻土是古代硅藻沉积而成的,在德国、瑞典等地有许多天然的硅藻土。诺贝尔经过许多次试验,终于制成了两种新式炸药,一种是由70%硝酸甘油和30%硅藻土组成的,一种是由60%硝酸甘油和40%硅藻土组成的。这两种炸药果真具有"绵羊"和"狮子"的双重性格,在平时它们像绵羊,而在起爆时却像猛狮。

不过,尽管诺贝尔到处宣传他制成的这两种新炸药的优点,但那些被硝酸甘油炸怕的人,总是怀疑他这位"贩卖死亡的商人"的话。这正应了一句谚语所说的:"一朝被蛇咬,十年怕井绳!"

事实胜于雄辩。诺贝尔决定用事实来说服那些怀疑者。

诺贝尔向企业界及政府的许多要人发出了邀请信,定于1876年7月17日,在英国的一处矿山上,进行现场表演。

到了那一天,果真有许多人来到了那座矿山上,连正在矿上工作的工人们也上了山,前来观看诺贝尔的表演。

这天,诺贝尔当众进行了三项表演:

第一项,把10磅新式炸药放到柴上烧,居然平安无事。

第二项，把 10 磅新式炸药从高高的峭壁上扔下来，竟然没有引起爆炸。

第三项，把 10 磅新式炸药埋入地下，用引爆剂引爆。果然，"轰！"随着一声巨响，地上被炸出了一个大坑！

"耳听为虚，眼见为实"，人们亲眼目睹，这下子可才相信了！

就这样，英国、瑞典、法国等国家的禁令，一个又一个地相继被取消了。诺贝尔的新式炸药开始了大量生产，得到了广泛的应用。

又触动了灵感

诺贝尔是一个永不知足、进取不止的人。尽管他用硝酸甘油和硅藻土制成了新式炸药，誉满世界，可是他一点儿也不满足于现有的成绩。在硝酸甘油中掺入硅藻土以后，炸药虽然变得很安全了，但它的爆炸力降低了。

诺贝尔又面临着一个新的课题：制造威力更强大的炸药！

诺贝尔在实验室进行了一次又一次的实验，但仍没有获得成功。

又是一件偶然的小事，给了他新的启示。

1875 年，诺贝尔在实验室里工作时，不慎割破了手指。他拿了一点胶棉，涂敷在伤口上。

胶棉是一种黏稠的液体，涂在皮肤上会凝固成一层薄膜，保护伤口。

入夜，伤口仍然很疼痛，诺贝尔辗转不能安睡。凌晨四点半，借助晨光他看了看伤口，那胶棉猛地触动了他的灵感。

他想：能不能把硝酸甘油跟胶棉混合起来，制造出一种新的炸药呢？

他赶紧起床，跑进实验室，独自干了起来。

胶棉是什么呢？就是我们俗称的硝化棉或硝化纤维的一种。它是硝酸和硫酸的混合液加上棉花或木屑制成的。人们早在 1832 年，就制成了胶棉。

前面说到，硝酸甘油具有治疗心脏病和制造炸药这两种用途，有趣的是，硝化棉同样具有这两种用途：

硝化棉本身，是一种塑料。在硝化棉中加入樟脑作增塑剂，便可以制成塑料——赛璐珞。乒乓球，就是用赛璐珞制成的。

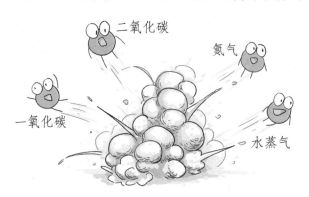

二氧化碳

氮气

一氧化碳

水蒸气

另外，硝化棉也可以制成炸药。在爆炸时，它能放出大量的热，产生一氧化碳、二氧化碳、氮气、水蒸气等气体，同时它的体积会猛烈增加。

不过，硝化棉也有好多种类。用来制作塑料的硝化棉的含氮量很低，所以不会引起爆炸；用来制作炸药的硝化棉的含氮量比较高，达到14%左右。

在实验室，诺贝尔把含氮量比较高的硝化棉和硝酸甘油混合，制成了一种新颖的固体炸药——炸胶。

上午，当诺贝尔的助手——法国青年化学家华伦巴赫来到实验室的时候，诺贝尔已经试制出第一块炸胶了。华伦巴赫看到这种新的炸药时，又惊又喜。

经过试验，这种炸胶的性能非常好：

用火把它点燃，它不会爆炸，性能十分稳定；浸水之后，它不会受潮；它的爆炸力比纯净的硝酸甘油还强，当然更比加了硅藻土的硝酸甘油强了。

这么一来，诺贝尔工厂开始大量生产炸胶，广泛用于瑞典、瑞士、英国、法国、意大利的各种工程。它安全可靠，使用方便，爆炸力强，很受人们的欢迎。

诺贝尔从马车夫那儿得到启发，用硝酸甘油和硅藻土制成了新式炸药；诺贝尔又从手指头上涂的胶棉得到启发，制成了炸胶。尽管事情都是那么偶然，但这正是他日夜苦思冥想的结果。尽管"得来全不费工夫"，可是，在得来之前，诺贝尔曾"踏破铁鞋"哩！不"踏破铁鞋"，怎能"得来全不费工夫"呢?

诺贝尔常常用鹰一样锐利的目光观察生活，这是很值得我们学习的。

炸不死的人

也许你会感到奇怪，炸胶用火点燃后，都不会爆炸，那么，怎么用它来做炸药呢?

原来，像炸胶这样的炸药，我们叫它"第二炸药"。要使第二炸药爆炸，必须要有起爆剂（又叫作"起爆炸药"）。这种起爆剂，叫作"第一炸药"。

古代，黑火药是用导火索起爆的。鞭炮的"小辫子"，就是导火索。

制作鞭炮的导火索很简单：用纸头卷着微量黑火药，制成纸捻就行了。

可是，炸胶即使用火点着了，都不会爆炸。用导火索，当然更不起作用了。于是，人们开始寻找一种敏感的炸药，用它来起爆别的炸药。

起初，人们找到了一种非常敏感的炸药——碘化氮。人们把碘溶解在碘化钾的水溶液里，再加入浓氨水，经沉淀，就可以得到棕色的碘化氮。

碘化氮是那么容易"发怒"：

用一根鸡毛轻轻地在它上面刷一下，它立即就爆炸！有人甚至看到，当一只苍蝇飞到碘化氮上，那纤细的脚爪刚刚踏上去，碘化氮便轰的一声炸开了！不仅如此，用强光（如照相用的镁光灯）照射碘化氮，也会使它爆炸。

我们平时常用"火药脾气""炸药脾气"来形容一个人急躁易怒，严格地讲，应当叫"碘化氮性格""碘化氮脾气"，才比较确切呐！

碘化氮炸药实在太敏感了，因而无法在实际中得到应用。

于是，诺贝尔又注意到一种叫雷酸汞的灰白色粉末。

雷酸汞又叫作雷汞。雷汞也是一种很敏感的炸药。

曾经发生过这样一件事情：一位化学家的上衣纽扣松了，他当时没有在意。在做雷汞实验时，突然，纽扣掉了下来，落在桌子上灰白色的粉末上，那粉末顿时轰的一声爆炸了，炸伤了这位化学家！

所以，雷汞也是一个脾气暴躁的家伙。不过，比起碘化氮来，要温和一些。

雷汞在爆炸时，分子迅速分解，产生一个汞分子、一个氮气分子和两个一氧化碳分子。

它的体积在几百分之一秒内，猛增到几万倍！

诺贝尔试着往雷汞中掺入一些硫化物及其他化合物，这样，可以使雷汞的脾气变得温和一些。然后，又把它装入铅管或铜管里，再接上一根导火索。这种装有雷汞的管子，就叫作"雷管"。

点燃导火索，引起雷管里的雷汞爆炸，而雷汞的爆炸又会引起第二炸药的爆炸。雷管，是一种很理想的引爆器。

诺贝尔花费了差不多两年的时间试制雷管。这是一件十分艰难的工作：有时候，雷管还没制成，就爆炸了；有时候，雷管制好后，还没等埋入第二炸药中，就爆炸了；有时候，导火索点燃了，雷管没有爆炸；有时候，雷管爆炸了，第二炸药却没有爆炸……

就这样，诺贝尔试验了几百次，失败了几百次。

1867 年 9 月 3 日这一天，从瑞典斯德哥尔摩的一个简陋的实验室传出了"轰隆"一阵巨响！原来是雷管爆炸后，把第二炸药也引爆了，这小小实验室的房顶被轰上了天，尘土四处飞扬。

这时，只见一个 30 多岁的青年从浓烈的烟尘中冲了出来，满脸鲜血，却兴奋得跳了起来，大声叫道："我成功了！我成功了！"

此人就是诺贝尔。他用鲜血和生命作为代价研究炸药。有好多次，他被炸伤，还险些被炸死，但他依旧坚持研究炸药。正因这样，诺贝尔被人们称为"炸不死的人"！

诺贝尔发明雷管以后，枪、炮不再用导火索了。在射击时，只需用手一扣扳机，撞针就会猛地撞击雷管，引起雷汞爆炸，而雷汞的爆炸又引起第二炸药爆炸，从而产生强大的推力，把弹头推出枪膛或炮口。这样一来，打仗时，再也用不着用打火石嚓嚓地点燃导火索了。

雷管的外壳通常是用紫铜做的，有时也用纸壳，后来也有用塑料壳的。

用来开矿、挖隧道、炸敌堡的炸药包，里面都装有雷管。人们使用炸药包时，只需把露在外边的导火线点着，火就沿着导火线"爬"进雷管，"触怒"雷汞。雷汞一爆炸，就会引起整个炸药包爆炸，从而摧毁山岩，叫大自然按照人们的意志，改变面貌。

如今，用导火线点燃雷管的方式已基本被淘汰，科学家们相继发明了电雷管、针刺雷管、拉发雷管、激光雷管等，使得雷管的使用既便捷又安全。

诺贝尔奖金

诺贝尔是一个自学成才的科学家。他把毕生的精力都献给了炸药的研究工作。

诺贝尔非常勤奋，精通瑞典文、德文、英文、法文、俄文。他也很喜爱文学，尤其喜爱诗歌。

诺贝尔的大部分时间是在实验室中度过的。他曾说："一个青年人应该把精力投入到科学研究中去，不应该把宝贵的时光消磨在游牧式的生活之中。"他还常说："没有工作，简直受不了！"

诺贝尔的发明很多，他一生所获得的专利权竟达到 255 项。

诺贝尔开办了许多炸药工厂，赚了许多钱，成为当时的世界巨富。

成为巨富之后，他仍在实验室里忙碌着，冒着生命危险研究炸药。

到了晚年，他患了心脏病。他用来治病的药，竟然就是用来制造炸药的硝酸甘油！

1896 年 12 月 7 日，诺贝尔在给朋友的信中还说，等他稍微好一点儿，还要进行一项新的试验。

然而，三天之后——12 月 10 日，他在意大利与世长辞了。终年 63 岁。

诺贝尔终生没结过婚。他在遗嘱中说，他的财产除了一小部分赠给亲友，剩余的存入银行，每年用提取的利息作为奖金，奖给对于物理、化学、生理学或医学、文学、和平事业有重要贡献的人。不论这些人是哪一个国家的，是男的还是女的，只要确实卓有成就，就可获得奖金。

这，就是著名的诺贝尔奖。

从 1901 年起，每年在诺贝尔逝世的日子——12 月 10 日，瑞典国王就会亲手向当年的诺贝尔奖获得者颁发奖金。

诺贝尔是一位可敬的人——他，生前不怕死，死后不要钱。

6 化学巨人的贡献

奇特的送殡队伍

1907 年 2 月 9 日，俄国圣彼得堡寒风凛冽，温度表里的水银柱萧瑟地缩到－20℃以下。

太阳暗淡无光。街道上，到处点着蒙着黑纱的灯笼。

长长的送殡队伍缓缓地从街上走过。沿途，不少人自动加入这支队伍，使队伍变得越来越长，达几万人之多。

送殡仪式非常奇特：队伍的最前面既不是花圈，也不是遗像，却是由十几个青年学生抬着的一块巨大的木牌。木牌上画着许多方格，方格里写着各种化学符号——"C""O""Fe""Cu""Zn"……

木牌的上方，用俄文写着"化学元素周期表"。

人们之所以抬着这块大木牌，是因为他们认为，木牌上的符号，象征着死者一生的主要功绩。

是谁离开了人世？

他，就是俄国著名化学家、化学元素周期律的发现者德米特里·伊万诺维奇·门捷列夫。

门捷列夫身材魁伟，留着长发、长胡子，有着碧蓝色的眼珠、长而直的鼻子、宽而广的前额。平时他穿着自己设计的似乎有点古怪的衣服，上衣的口袋特别大，据说那是便于放下厚厚的笔记本——他一想到什么，总是习惯性地立即从衣袋里掏出笔记本，随手把它记下。门捷列夫是在 2 月 2 日清晨，因心肌梗死而与世长辞的，终年 73 岁。

人们在追悼会上，引述了门捷列夫的名言：

"什么是天才？终生努力，便成天才！"

人们追忆门捷列夫的生平，他的一生，确实是"终生努力"的一生。

门捷列夫的姐姐，回忆了七天前门捷列夫临终前的感人情景：

年过七旬之后，由于积劳成疾，门捷列夫双目半盲。然而，他仍从每天清晨开始工作，一口气干到下午五点半，在下午六点半才吃"中饭"。饭后，又接着去工作。1907 年 1 月，新任的工业部部长去视察门捷列夫的工作，送别部长时，朔风扑面，门捷列夫着了凉。

他病倒了，脸色苍白，浑身无力。

他虽然是化学家，却酷爱文学、音乐和美术。他的妻子安娜·依万诺芙娜·波波娃擅长画画，他病室的墙壁上挂满了妻子画的画。

他躺在病床上，一边抽着烟，一边请别人念《北极游记》给他听。过了一会儿，他觉得稍微好了点，又挣扎着起来，伏在写字台上，孜孜不倦地写作科学著作。

临终的那天清晨，门捷列夫依旧像平时那样，很早就起床。他的姐姐劝他别再写了，休息几天。他不以为然地说："没关系！"

他的姐姐出去了一会儿。当她回到门捷列夫卧室时，看到他坐在椅子上，已经与世长辞了，他的手里还握着笔，他的面前是一本还未写完的关于科学和教育的著作！

门捷列夫死后，人们仔细清理了他的遗稿，共有 431 篇著作。

人们一边清理，一边深为门捷列夫那"终生努力"的精神所感动！

就在这个时候，门捷列夫的妻子收到了俄国沙皇尼古拉二世发来的唁电："俄国丧失了一个最优秀的儿子。"

门捷列夫被安葬在伏尔科墓地。在那里他与著名的俄国作家屠格涅夫、杜勃罗留波夫长眠在一起。

逝世前，门捷列夫担任俄国度量衡总局局长。为了纪念他，人们在度量衡总局大楼的墙壁上，画上许许多多方格，写上各种元素的符号——门捷列夫化学元素周期表。

在报道门捷列夫逝世的消息时，许多报纸把门捷列夫的遗像跟那张画着化学元素符号的表格登在一起。有的杂志出版了纪念门捷列夫的专辑，封面上印着门捷列夫的遗像，封底印着那张奇异的表格。人们认为：那张奇异的表格，是门捷列夫毕生劳动的结晶和最高的功绩。

门捷列夫究竟是怎样的一个人？他是怎样"终生努力"的？他怎样创立那奇异的表格？那奇异的表格又意味着什么？

第十四个孩子

1834年2月7日，在俄国西伯利亚的一个小城市——托博尔斯克市，一个婴儿诞生了。

父母见到儿子平安降生，并没有流露出过多的喜悦。因为这对于他们来说，已经是司空见惯的了：这是他们的第14个孩子，如果把他们由于小产或生下不久便死去的孩子计算在内，这是第17个了！然而，这个孩子却是他们的最后一个孩子。

这个孩子就是德米特里·伊万诺维奇·门捷列夫。

孩子的父亲叫伊万·巴甫洛维奇·门捷列夫，高高的个子，稍微有点驼背，眉宇间留下的深深的"川"字纹，似乎说明他的内心充满忧郁。伊万是托博尔斯克的一个中学校长。他毕业于俄国首都圣彼得堡的师范学院，本来在条件优越的大城市工作，后来，由于他同情十二月党人①，被调往边远的小城托博尔斯克。许多十二月党人被沙皇逮捕后，也被流放到托博尔斯克。

孩子的母亲叫玛丽雅·德米特里耶芙娜·门捷列夫。她的身体非常健壮，终日忙碌不息，照料着那 14 个孩子。她很聪明，也很能干，性格爽朗乐观。

就在门捷列夫出生的那一年，这个多子女的家庭遭受了巨大的不幸——父亲伊万双目失明，不得不停止工作。

这是一个沉重的打击。伊万不仅没有了收入，还要支出一笔数字不小的医药费。尽管许多被流放的十二月党人都很同情他，可是，他们也都是穷朋友，无能为力。

怎样才能维持这个子女众多的大家庭呢？玛丽雅挺身而出。这位刚强而能干的妇女，不仅担负起照料 14 个子女、失明的丈夫的繁重的家务劳动，而且解决了家庭的经济困难。

在离托博尔斯克 30 俄里的阿列姆北雅恩斯克，有一家又破又小的玻璃工厂。这本是玛丽雅的哥哥华西里经营的。这时，华西里将工厂让给了玛丽雅。于是，玛丽雅便带领全家，搬到了这个小小的荒凉的村庄。

玛丽雅抱着出生不久的门捷列夫，奔走在那座小小的玻璃工厂里。经过她的整顿，玻璃工厂的生产大有起色，开始专门生产当时市场上紧俏的药瓶和药房用的玻璃器皿，很快就打开了销路。门捷列夫的哥哥、姐姐都成了这家工厂里的工人。就这样，玛丽雅带领全家度过了困难时期。经过治疗，伊万的视力也开始恢复。

---

① 十二月党人，是指参加俄国 1825 年俄历 12 月 14 日起义的革命党人。

幼小的门捷列夫跟着妈妈，整天在玻璃工厂里东奔西走，看到石英砂等物质经过加热熔化，变成透明的液体，进而变成漂亮的玻璃器皿。这样，门捷列夫从小就深深地爱上了化学，也深深地爱上了劳动，并跟那些吹制玻璃的工人交上了朋友。

千里求学

1841 年，门捷列夫七岁了，到托博尔斯克小学读书。

在中学时代，由于体质太弱，门捷列夫常常生病。他记忆力很不错，又很善于分析问题。

他很喜欢化学、物理、数学和地理，但是很不喜欢拉丁文课。

在中学，数学、物理和历史老师都很喜欢门捷列夫，给了他许多帮助。门捷列夫回家后，生病在家的父亲，也常帮他复习功课。

门捷列夫很喜欢大自然，喜欢旅行。他的中学老师、作家彼得·巴甫洛维奇，曾带领他做过一次长途旅行，收集了不少花卉、昆虫和岩石标本。

门捷列夫曾说："耐心地追求科学真理，用顽强、孜孜不倦的劳动去得到真理。"从中学时代开始，门捷列夫就显示了顽强学习的精神，几乎读完了学校图书馆里所有的藏书。

由于学习成绩优异，门捷列夫获得了奖学金。

然而，在门捷列夫 13 岁的时候，不幸的事情发生了——他的父亲病故了。紧接着，母亲的得力助手、门捷列夫的大姐，也离开了人世。

母亲非常疼爱门捷列夫，尽管家庭经济十分困难，她仍让门捷列夫念完了中学。

1849 年，门捷列夫念完了八年级，从托博尔斯克中学毕业了。

这年夏天，由于门捷列夫的哥哥、姐姐们都已成人，离开了托博尔斯克，母亲的身边，只留下两个最小的孩子——丽查和门捷列夫。为了使门捷列夫能够念上大学，在朋友的帮助下，玛丽雅决定搬往莫斯科。

于是，门捷列夫开始了平生第一次远行。他跟随着母亲和姐姐丽查，坐上马车，千里迢迢，从西伯利亚驶向莫斯科。沿途，门捷列夫大开眼界，看到了逶迤的大森林，一马平川的大草原，各式各样的城镇和咆哮奔腾的河流。

好不容易到了莫斯科，可是，莫斯科大学不收他——因为他毕业于边远的西伯利亚小城，不能在莫斯科上大学。

玛丽雅非常喜爱她的最小的儿子，为了让他能读上一所好的大学，在 1850 年，她带着门捷列夫到了圣彼得堡。然而，圣彼得堡大学也瞧不起这位来自穷乡僻壤的学生，不同意他报考。

听一位朋友说，圣彼得堡医学院可能招考的条件低一点，玛丽雅到那里好说歹说，总算说妥了。然而，好事多磨，门捷列夫一走进医学院外科解剖室，看到里面的死人和鲜血，立即昏倒在地上。医学院马上把门捷列夫赶出门外，认为他连做一个外科医生的起码条件都不够。其实，有生以来，门捷列夫是第一次看到手术室吓人的场面，他只是一下子受不了而已。

没办法，母亲再度为小儿子的入学问题奔走。她想到丈夫毕业于圣彼得堡师范学院，就把儿子送到那里。在父亲老朋友的帮助下，门捷列夫总算进了师范学院。

这时，玛丽雅更加贫穷潦倒，只好紧缩一切开支，在圣彼得堡租了一小间房子，勉强过活。

圣彼得堡师范学院非常严格，不收走读生。门捷列夫不得不住在学校，难得获准请假去看望母亲。

最不幸的事情发生了：玛丽雅在长途奔波、过度劳累之后，得了伤风病。

她的身边，只有门捷列夫最小的姐姐丽查照料着。1850年9月20日，这位辛勤慈祥的母亲病逝了。

这时，门捷列夫刚刚跨进大学之门。这个打击确实太沉重了。

临终时，玛丽雅给门捷列夫留下这样的遗言："不要欺骗自己，要辛勤地劳动，而不是花言巧语。要耐心地寻求真正的科学真理！"

后来，在1887年所著的《水溶液比重的研究》一书序言里，门捷列夫曾以这样诚挚、深沉的语言，悼念他死去的母亲："这部作品是最小的孩子为纪念自己的慈母而写的。慈母以自己辛勤的劳动经营工厂，才能使儿子长大成人。她以身作则来教育儿子，并以慈爱来纠正儿子的错误。她为了使儿子献身于科学，毅然离开了西伯利亚，并不惜倾其所有、竭尽全力，使儿子步入大学之门。"

母亲逝世后一年半，1852年3月，门捷列夫最小的姐姐丽查也不幸逝世，只留下门捷列夫孑然一身在圣彼得堡求学。

后来居上

刚跨入圣彼得堡师范学院的门捷列夫，在学习上很吃力。

门捷列夫来自穷乡僻壤，那里的教学水平比较差。中学毕业后，他辍学一年。进入大学不久，母亲病逝又使他陷入极度的痛苦之中。这样，在第一学年，门捷列夫的学习成绩很差，全班28名学生，期终考试时，门捷列夫名列第25名。

门捷列夫决心奋起直追，整天沉浸在学习之中。

圣彼得堡师范学院的化学教授亚历山大·阿伯拉莫维奇·伏斯科列森斯基，给了门捷列夫深刻的影响。这位著名教授同时在六所大学兼课。后来门捷列夫在回忆这位老师时说："别人谈论的往往是科学事业中的巨大困难，然而在实验室里伏斯科列森斯基教授常常教导我们说'馅饼不是从天上掉下来的'。"他还说："我是伏斯科列森斯基的学生，我很清楚地记得他在讲课时的那种真实纯朴的诱导力和经常督促大家独立研究科学资料的精神，他用这些方法吸引了许多新生力量参加化学研究工作。"

果真，在伏斯科列森斯基教授的诱导下，门捷列夫的注意力被吸引到化学上来，开始对化学产生浓厚的兴趣。他立志做一个化学家！

门捷列夫勤奋地学习着。他异常贫困，父母双亡，靠着奖学金维持生活，连参考书都买不起。在念大学三年级的时候，他得了严重的喉头出血症，病得很厉害，以至医生把他当作垂危的病人来护理。然而，门捷列夫终于战胜了疾病，并在病床上坚持学习，写作论文。

在20岁的时候，门捷列夫写出了他的第一篇化学论文《芬兰褐帘石的化学分析》①，显示了他的科学才能。伏斯科列森斯基和另一位教授库托尔加审查了论文，非常赞赏，在门捷列夫的论文上写了这样的评语："这一分析做得这么出色，值得登载在俄国矿物学会刊物上。"

紧接着，门捷列夫支撑着病体，又完成了第二篇化学论文《从鲁斯基拉到芬兰的辉石》。

1854年，门捷列夫开始写作毕业论文《论同晶现象与结晶形状及其组成的其他关系》。他曾这样谈及写作毕业论文的经过："师范学院要求提出自己的毕业论文题目时，我选择了同晶现象。我之所以对它感兴趣，是因为我在第一篇和第二篇论文中已对它作了描述，而且我觉得这个题目在自然科学历史方面是个很重要的题目……写这篇毕业论文，使我对化学研究工作产生了更加浓厚的兴趣。因此这篇论文确定了许多的东西。它是在1854—1855年间写成的。"

1855年，门捷列夫毕业于圣彼得堡师范学院。

一年级时，门捷列夫的学习成绩在班上是倒数第四名。毕业时，他却后来居上，跃居第一名，荣获金质奖章！

门捷列夫是在蒙受亲人接连病故的悲痛之中后来居上的；

门捷列夫是在贫穷困苦的恶劣环境下后来居上的；

门捷列夫是在几度病倒的情况下后来居上的。

门捷列夫毕业时，一位科学院院士曾写下这样的评语："我很高兴听到学生门捷列夫解答的一些化学问题。我相信这一青年非但完全掌握了化学知识，并且甚至已认识到这门学科最新的发展方向……"

门捷列夫的毕业论文在1856年发表于《矿业杂志》，并在同年出版了单行本。

---

① 这里提到的褐帘石和下面提到的辉石都是矿石，门捷列夫在论文中分析了这两种矿石的化学成分。

年轻的教授

门捷列夫毕业后，第一次走出校门，踏进社会，就遇到了"怪事"：本来，由于门捷列夫学业优秀，圣彼得堡师范学院是准备把他分配到敖德萨工作的。敖德萨是个文化中心，那里有较好的科学研究工作条件。然而，不知道是弄错了，还是其他原因，国民教育部把门捷列夫同一个叫雅恩古维恩的毕业生弄错了，结果把本来应分配到辛菲罗波尔的雅恩古维恩分配到敖德萨去，而门捷列夫却来到动乱之中的辛菲罗波尔。

辛菲罗波尔位于克里米亚的塞瓦斯托波尔附近。当时，英、法、奥、土联军攻下了塞瓦斯托波尔。而辛菲罗波尔尚在俄军手中，社会秩序非常混乱。门捷列夫到了辛菲罗波尔，几乎没办法工作。

在那里，门捷列夫病了，他以为得了结核病——这在当时是一种不治之症。然而，门捷列夫却遇上了一位高明的医生——比罗果夫。经过检查，他断定门捷列夫患的是瓣膜症，是可以治好的。找到了自己真正的病因，门捷列夫对战胜疾病充满了信心。后来回忆比罗果夫医生时，门捷列夫说："这才是名副其实的医生！他把人看得非常透彻，一下子就明白了我的真正病因。"

处于战争状态的辛菲罗波尔的中学，一直没办法上课，学生们忙于逃难。

1856 年 5 月，门捷列夫重新回到圣彼得堡，报考硕士。

门捷列夫写出了硕士论文《论比容》。

本来，门捷列夫连圣彼得堡大学的大门都不能进。这一次，由于门捷列夫的论文显露了他的卓越才能，经圣彼得堡大学校委会讨论，一致同意授予门捷列夫"物理和化学硕士"学位。这时，他只有22岁。

在获得硕士学位的第三天，门捷列夫开始写作他的另一篇论文《论含硅化合物的结论》。经过答辩、审查后，这篇论文证明门捷列夫学业优秀。1857年1月，门捷列夫被提升为副教授，兼化学系秘书。这时，他才23岁，成为圣彼得堡大学最年轻的副教授。

就这样，门捷列夫开始在当时俄国的"最高学府"——圣彼得堡大学工作。然而，由于沙皇不重视科学研究工作，所以即使是在这座"最高学府"里，实验室也非常简陋。当时，连一些最基本的实验用具，如烧瓶、试管都很缺乏。实验室里没有通风设备，一做化学实验，有毒的气体便在室内弥漫，呛得人连连咳嗽。门捷列夫做一会儿实验，就得赶紧跑出实验室，到外面深深地吸几口新鲜空气，然后又钻进那呛人的实验室。即使是下雨天或者严冬，门捷列夫做实验时，也得过一会儿就跑出来，那落在脸上的雨滴和寒冷的空气，倒使他的头脑一下子清醒了许多。

门捷列夫就在这样艰难的环境中，坚持进行化学实验，探索着化学的奥秘。他接连发表了好多篇化学论文和物理论文。

1859年1月，门捷列夫获准到德国海德堡深造。他来到著名的德国化学家本生的实验室。当时，本生正和德国物理学家基尔霍夫合作，从事光谱分析研究。他们两人用这种分析方法，发现了新元素铯和铷。

本生是个大高个儿，喜欢抽烟，不喜欢讲话。基尔霍夫则又矮又小，非常健谈。他俩非常热情地欢迎这位来自俄国的小伙子。门捷列夫从他们那里学到不少东西，获益不浅。

在海德堡，门捷列夫利用实验室中精密的德国仪器，埋头研究毛细管现象，写出了三篇论文：《论液体的毛细管现象》《论液体的膨胀》《论同种液体的绝对沸腾温度》。

最使门捷列夫难忘的是，1860年，他参加了在德国卡尔斯鲁厄召开的第一次国际化学会议。

这是世界化学界的第一次盛会，各国著名化学家云集卡尔斯鲁厄。

当时，化学正处于混乱状态。就拿化学元素的符号来说，各国各搞一套，甚至同一个国家里，不同的化学家都使用不同的化学符号。为了统一化学元素的符号，使各国科学工作者之间有共同的、统一的化学语言，便于进行技术交流，在卡尔斯鲁厄会议期间，各国化学家共同制定和通过了世界统一的化学符号。这些符号，一直沿用到今天。本书提及的那些化学符号——"C""O""Fe""Cu""Zn"……就是在这次会议上确定的。

卡尔斯鲁厄会议规定，化学元素的符号，均采用该元素的拉丁文名称首字母表示。也有的化学元素的拉丁文开头字母相同，那就在首字母旁边另加一个小写字母，这个小写字母是该元素拉丁文名称的第二个字母，以示区别。

还有的元素的拉丁文名称第一、第二个字母均相同，那又该怎么办呢？卡尔斯鲁厄会议规定，用该元素拉丁文名称的第三个字母作小写字母。

卡尔斯鲁厄会议除了对化学元素符号做出统一规定之外，还对原子、分子、原子价、原子量等许多化学概念进行了讨论，取得比较一致的看法，认定：物质是由分子组成的，分子是由原子组成的，这种学说叫作"原子—分子论"，它是现代化学的基础理论。在卡尔斯鲁厄会议之前，有许多人反对"原子—分子论"，法国著名化学家杜马甚至说："如果我当家做主，我便从科学中删除'原子'二字，因为我确信它是在我们经验之外的。"经过讨论，"原子—分子论"得到大多数人的承认。

另外，卡尔斯鲁厄会议还对化合价和原子量的概念进行了讨论。由于原子的绝对重量很小，不便于用直接称量的方法测定原子的重量，人们决定以氢原子的重量为1，来测定其他原子的相对重量。[①] 这一相对重量叫原子量。如氧原子的重量是氢原子的16倍，氧的原子量便为16。人们还发

---

① 最初以氢原子量为1作为相对原子量的基准，后曾改为以氧原子重量的1/16为原子量基准，现改为以碳12原子重量的1/12为原子量基准。

现，在化合物中，各种元素的原子是以整数结合的。如 1 个水分子，是由 1 个氧原子和 2 个氢原子组成的，氢原子的化合价为 +1 价，那么氧原子则为 -2 价。氯化氢分子由 1 个氯原子和 1 个氢原子组成，那么氯为 -1 价，氢为 +1 价。当时，有人认为在化合物分子中，各种元素的原子不是按固定的比例化合的，也就是说，不存在"化合价"这种概念，经过讨论也逐步明确了这种观点是错误的。这次会议使化学从长期的混乱状态走向统一。

这次国际化学盛会中，门捷列夫结识了当时世界化学界的著名人士，听到许多精彩的学术报告，大开眼界。

1861 年 2 月，门捷列夫回到俄国，在圣彼得堡大学讲授有机化学课程。门捷列夫着手给学生们写讲义。

门捷列夫工作起来，通宵达旦。他整天伏在圣彼得堡大学那高大的写字桌上写作。人们说："从他笔端写出的都是当时经过他考虑和仔细钻研的东西。他的非常的劳动能力，使他能连续几个昼夜地工作，每天休息仅仅几小时。"终于在那么一天，他大笑着走出他的办公室，手里拿着厚厚的一大沓稿子。没多久，他的厚达 400 多页的巨著《有机化学》出版了。这是第一本用俄文出版的有机化学教科书——在这之前，圣彼得堡大学一直采用德国出版的有机化学教科书作为教材。

《有机化学》一书出版后，深受门捷列夫的老师、当时俄国有机化学权威齐宁的赞赏。在齐宁的推荐下，门捷列夫的这本著作荣获俄国科学院的杰米多夫奖金。

1865 年，门捷列夫写出了博士学位论文《论酒精和水的化合物》。经圣彼得堡大学校委会审定后，门捷列夫获得了博士学位，并从副教授提升为教授。这时，门捷列夫只有 31 岁。

从这一年开始，门捷列夫改教无机化学课程。

杂乱的无机化学

门捷列夫热心于教育事业。他认为，国家要兴旺发达，首先必须重视培养科学人才。门捷列夫说过这样的话："如果俄国希望避免'落后者的痛苦'，如果她想独立地向前发展，那么她首先应该及早注意使她本国产生自己的柏拉图和牛顿！"门捷列夫非常希望在他的学生之中出现柏拉图，出现牛顿。

跟有机化学课一样，无机化学课程也没有俄文版的教科书。为了教好这门课程，门捷列夫开始着手写一本无机化学教科书。

然而，无机化学教科书却不像有机化学教科书那样容易写。只花了两个月时间，门捷列夫就写出了《有机化学》，而写《无机化学》，门捷列夫却无从下笔！

是门捷列夫不懂无机化学吗？不，应该说，门捷列夫熟知无机化学胜过有机化学。无机化学与有机化学有很大的区别：所谓有机化合物，就是指含碳这种化学元素的化合物[①]，而无机化合物是指不含碳元素的化合物。世界上除了碳之外的各种元素形成的化合物，总共 5 万多种，而碳的化合物——有机化合物却有 300 多万种！

写《有机化学》时，门捷列夫按照各种碳的化合物分门别类地写，写得有条有理。可是，无机化学却像团乱麻，让他毫无头绪：当时，已经知道 60 来种化学元素。这些化学元素之间，有什么关系？按照怎样的系统，才能写好无机化学教科书？

门捷列夫早在八年前——1857 年，当他初任圣彼得堡大学副教授时，

---

① 严格地说，除少数碳的化合物，如一氧化碳、二氧化碳、碳酸、碳酸盐之外，其余碳的化合物均属有机化合物。

就教过无机化学。当时，他就觉得这门课杂乱无章。其实，课程的杂乱无章，是由于人们对自然界的认识还不够。从那时起，门捷列夫就思索着这一系列问题：难道氧就是氧，氮就是氮，它们之间毫无联系？难道无机世界就是这么杂乱无章？什么是化学元素间的根本规律？其实，这个问题很早就引起化学家们注意。早在门捷列夫之前，很多化学家就开始探索化学元素之间的规律。

法国化学家拉瓦锡，也是化学史上的一位巨匠。早在1789年，他就着手把化学元素分类。可是，当时人们只知道33种化学元素（其中还包括一些根本不是化学元素的"热""光"之类）。①

拉瓦锡把这33种元素分成四类——气体、金属、非金属、土质，列成一张表格。

可是，这样的分类，并没有揭示事物的本质。

1815年，英国19岁的青年医生普劳特，提出一个非常大胆的观点。他认为世界上所有的元素，都是由氢原子构成的。这就是他的"氢原子构成论"②。每种化学元素不同，只不过由于原子中所含的氢原子多少不同罢了。普劳特的见解，可以说已经拨开了笼罩着无机化学世界的迷雾，然而在当时看来却是几乎不能理解的。化学界的权威们纷纷责问普劳特：你说所有元素的原子量都是由氢原子组成的，氢原子的原子量是1，为什么许多元素的原子量不是整数？比如，氯的原子量是35.5，难道它的原子是由35.5个氢原子组成的？

当时，普劳特无法解释。所以，这种可贵的新观点也就被埋没了，无人注意。

———————————

① 实际上，到1800年，人们才发现了28种化学元素。

② 按照现代科学的观点，氢原子的原子核是由一个质子组成的。每种元素的原子中都含有质子，而且质子数正好等于该元素在周期表上的元素符号序数。如锡是第50号元素，它的原子核中含有50个质子。

到了 1829 年，人们已经发现了 54 种化学元素。德国化学家德贝莱纳把其中的 15 个元素，按照三个一组，分成五组：

锂 Li	钙 Ca	磷 P	硫 S	氯 Cl
钠 Na	锶 Sr	砷 As	硒 Se	溴 Br
钾 K	钡 Ba	锑 Sb	碲 Te	碘 I

他发现，每三种元素的化学性质都很相似，称为"三素组"。

德贝莱纳还发现了一件耐人寻味的事情——就拿锂、钠、钾这个"三素组"来说吧，锂的原子量是 7，钾的原子量是 39，如果把锂和钾的原子量加起来除以 2：

$$(7+39)\div2=23$$

很有趣，钠的原子量正好是 23！

也就是说，在"三素组"里，第一个元素和第三个元素的原子量之和的平均数，正好等于第二个元素的原子量。

德贝莱纳的这一发现，使化学家们开始注意研究元素和原子量之间的关系。

不过，德贝莱纳的"三素组"只包括 15 个元素，而其余的化学元素却无法被归纳进去，那该怎么办呢？

1826 年，法国地质学家尚古多把各种化学元素按照原子量的大小排列起来。很有意思，尚古多做了一个圆柱体，在上面画了一根螺纹似的螺旋线，把化学元素按照原子量的大小从下向上写在螺旋线上，发现性质相似的元素都在同一垂线上。

紧接着，1864 年，德国化学家迈耶尔在讲授无机化学课程时，为了使学生们容易理解，在伯莱斯拉乌大学的化学教室里，挂出了他的"六元素"表。这"六元素"表比德贝莱纳的"三元素"进了一步，每组元素从三个增加到六个，排列的顺序也是按照原子量的大小。迈耶尔把这张"六元素"表，写进了他的著作《现代化学》。

过了两年，英国化学家纽兰兹又进了一步，把"六元素"扩大成八个元素一组，称之为"八音律"。纽兰兹把化学元素按原子量大小排列起来，发现第一个元素与第九个元素性质相似，第二个元素与第十个元素性质相似……也就是说，每隔八个元素，就出现性质相似的元素，这就是"八音律"的基本内容。

然而，纽兰兹在英国化学学会上宣读了自己的论文以后，却遭到了冷嘲热讽。

英国化学学会会长福斯特教授挖苦纽兰兹道："你怎么不按元素的字母顺序排列呢？那样可能也会获得相同的结果呢！"

纽兰兹的发现，已经逼近真理了，然而，在那班庸人的眼里，他却是个怪物。英国化学学会拒绝发表他的论文！

不平常的"扑克牌"

在圣彼得堡，门捷列夫坐在那高大的写字桌前，苦苦地思索着，他的面庞清癯，眼里布满血丝，精神有点抑郁。

"您病了吗？"一天，数学系秘书去看望门捷列夫教授，感到十分惊讶。

"没病。我在绞尽脑汁思索这个！"说着，门捷列夫指了指他的写字桌。

那位秘书远远一看，桌子上放着一张张扑克牌呢。

"原来，您玩扑克牌入迷啦！"秘书笑着说。

"扑克牌？"门捷列夫非常吃惊。他拿起一张纸牌，叫秘书过来仔细看看。

"唔，这是什么牌呀？我看不懂。"这位数学系的秘书连连摇头。

门捷列夫的纸牌，确实很难看懂。每一张纸牌上，写着一种化学元素的符号、原子量以及主要性质。

这时，人们已发现了 63 种化学元素，其中金属元素 48 种，非金属元素 15 种。

门捷列夫想把桌子上的纸牌按原子量的大小排成一张表。他左排右排，始终排不好。他几天几夜连续工作，不断调换着桌子上纸牌的位置。他没有停留在"六元素""八音律"的认知上，而是在探索化学元素之间最根本的规律。

1868 年，门捷列夫在一张纸上写下了这样的表格——这张手稿是门捷列夫陈列馆在整理门捷列夫卷帙浩繁的手稿时，于 1950 年发现的，这是迄今为止发现的门捷列夫元素周期表的最早手稿。

门捷列夫把这个表格称为《根据元素的原子量及其相似的化学性质所制定的元素系统表》，也就是化学元素周期表。

在这张表上，门捷列夫把所有的化学元素，都按原子量的大小排列起来。

这时，他发现在某个元素之后，每隔七个元素，便有一个元素的性质与这个元素十分相似。例如，锂与钠、钾相似，都是一价的碱金属；铍与镁、钙相似，都是二价的碱土金属；硼与铝、镓相似，都是三价的，而且它们的金属性与非金属性都不很强烈；碳与硅、锗相似，都是四价的，具有较弱的非金属性……

门捷列夫总结了这一规律，说："单质的性质，以及各元素的化合物的形态和性质，与元素的原子量的数值呈周期性的关系，这一规律，便是化学元素周期律。"

1868 年，门捷列夫把化学元素周期表的初稿散发给俄国的许多化学家，征求他们的意见。

1869 年 2 月 17 日，门捷列夫正式写出第一张化学元素周期表。1869 年 3 月，俄国化学学会召开了。这时，门捷列夫却由于研究化学元素周期律过于劳累，病倒了。在会上，门捷列夫委托圣彼得堡大学门拿特金教授代他宣读了论文《根据元素的原子量及其相似的化学性质所制定的元素系统表》的报告。这篇著名的论文，以《化学元素的性质和原子量的相互关系》为题，后来发表于1869年《俄国化学学会志》第1卷第34—60页。

门捷列夫在论文中指出：

1. 按照原子量大小排列起来的元素，在性质上呈现出明显的周期性。

2. 原子量的大小决定元素的特征。

门捷列夫的这篇论文，后来被人们称誉为"化学史上划时代的文献"。然而，在当时，并没有引起化学学会的注意和重视。

相反，门捷列夫却受到了冷嘲热讽！其中特别是门捷列夫的老师齐宁，当时最有声望的俄国化学家，从一开始就不支持门捷列夫的这项研究，训斥这位青年化学家"不务正业"。在化学学会上听了门拿特金代读的论文之后，齐宁更为生气了，告诫门捷列夫道："你到了该干正事，在化学方面做些工作的时候了！"

然而，真理的阳光是任何乌云都无法遮挡的。门捷列夫是个终生努力的人，他不仅在顺利的环境中不断努力，而且在遇到重重阻力时仍旧奋发向前。

大胆的预言

门捷列夫之前，尽管已有好几个人接近于发现化学元素周期律的边缘，但是，门捷列夫比之于他的同时代人有着他的过人之处：深刻的分析能力、坚定的自信和大胆的预言。在把化学元素按原子量的大小排成一长队时，门捷列夫敏锐地发现了其中的"捣乱分子"。

就拿铟来说，它就是一个"捣乱分子"。

铟是德国化学家利赫杰尔和莱克斯在 1863 年从锌矿里发现的新元素。据他们测定，铟的原子量是 75.4。按照原子量大小排队，铟被排到砷的后面（砷的原子量为 75），硒的前面（硒的原子量是 79.4）。① 可是，把铟排在砷和硒之间，顿时使整个队伍乱了套。因为按照化学性质，砷与磷相似，硫与硒相似：

磷（P）　　　硫（S）

31　　　　　32

砷（As）　　铟（In）　　　硒（Se）

75　　　　　75.4　　　　　79.4

门捷列夫认为，可能是铟的原子量搞错了！他随即查阅了利赫杰尔和莱克斯的论文，发现他们原来是这样测得铟的原子量的——他们先是测得铟的当量为 37.7，因为他们认为铟是二价的，于是铟的原子量便是：

$37.7 \times 2 = 75.4$

门捷列夫认为，利赫杰尔和莱克斯把铟的化合价搞错了。因为铟的性质与铝相似，它应当是三价，所以，铟的原子量应当是：

$37.7 \times 3 = 113.1$

这样一来，这个"捣乱分子"就被排到镉与锡之间，于是，队伍就显得整齐了！

————————

① 此处砷和硒的原子量为当时的原子量。现在经精确测定，分别为 74.9216 和 78.96。

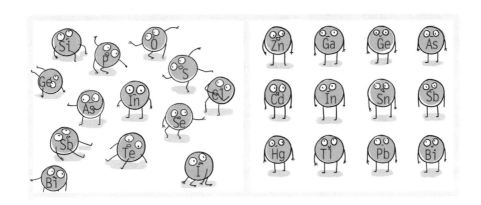

后来，事实证明门捷列夫改对了，铟的原子量是 114.818！

在门捷列夫之前，好几个人都不敢做这样大胆的改动，不敢调动那些"捣乱分子"的位置，当然排不好元素周期表。

同样，门捷列夫还大胆地改正"捣乱分子"铍、钛、铈、铀和铂这些元素的原子量。这样一来，化学元素的队伍排好了，就能明显地看出周期性的变化。

其间，门捷列夫遇到的最头疼的问题，要算锌与砷之间的排列问题了。因为按照原子量的大小顺序排下去，砷应当排到铝的下面，然而，砷的性质明显地与磷相似，与铝根本不同。

这该怎么办呢？

门捷列夫在翻阅那一篇篇报告发现新元素的论文时，猛地受到启发：既然人们还在不断报告发现了新的元素，可见还有许多新元素尚未被人们发现。也就是说，在给化学元素排队的时候，应当给那些未被发现的新元素留好空位！

按照这样的观点，门捷列夫大胆地预言，在锌与砷之间，还有两个未被发现的新元素：

	铝（Al）	硅（Si）	磷（P）
锌（Zn）	？	？	砷（As）

门捷列夫把这两个未知元素，分别命名为"类铝"与"类硅"，意思是说它们的性质与铝、硅类似。他还根据同元素性质相似的原则，预测了这两个未知元素的性质、化合价和原子量。

另外，门捷列夫还推测出在钙与钛之间，也有一个元素"缺席"，因为钙是二价的，钛是四价的，中间缺了一个三价的元素。门捷列夫把这个未知元素命名为"类硼"。

1871 年，门捷列夫把自己这些大胆的预言写进了论文《元素的自然系统以及它在判断未知元素的性质方面的应用》。

由于制止了那些"捣乱元素"的捣乱，查清了那些"缺席元素"的位置，门捷列夫又重新排列了元素周期表，把性质类似的元素排成竖排，周期则用横排，这样一来，化学元素周期表就更加清楚明白了。

1872 年，门捷列夫写出论文《化学元素周期性规律》，详细论述了化学元素周期律的基本原理，并发表了他重新排成的化学元素周期表。这张周期表成了现代化学元素周期表的基础。

然而，门捷列夫大胆的预言，又一次遭到俄国化学界权威人士们的嘲弄。他们把门捷列夫的新著朝地上一扔，冷笑道："化学是早已存在的物质的科学，它的研究结果是真实的无可争辩的事实。而他却研究鬼怪——世界上不存在的元素，想象出它们的性质和特性。这不是化学而是魔术！等于痴人说梦！"

不是"痴人说梦"

究竟是科学的预言，还是"痴人说梦"？

事实是科学的最高法庭。实践是检验真理的唯一标准。

1875 年 9 月 20 日，在德国科学院的例会上，法国化学家伍尔兹读了一封他的学生勒科克·德·布瓦博德朗的来信：

"1875 年 8 月 27 日凌晨 3 至 4 时，我在比利牛斯山皮埃菲特矿山所产的锌矿中发现了一种新元素……"

布瓦博德朗是法国人，为了纪念他的祖国，便以法国的古名——"高卢"（Gallia）来命名自己发现的新元素。中文名字为"镓"。

不久，布瓦博德朗发表了论文，讲述了自己发现新元素镓的经过，并论述了镓的化学性质和物理性质。

论文发表后，没隔多少日子，布瓦博德朗收到一封来自圣彼得堡的陌生人的来信。

信里这样写道：

"镓就是我四年前预言的'类铝'。我预言'类铝'的原子量大约是 68，你测定的结果是 59.72。但是，比重一项，跟我的预言相差比较大，我预言镓的比重在 5.9 到 6.0 之间，你测定的结果是 4.7。建议你再查一查，最好重新测定一下比重……"

信尾署名"德米特里·伊万诺维奇·门捷列夫"。

布瓦博德朗感到奇怪，"镓明明是我经过千辛万苦发现的，怎么会是你未卜先知，早就预言过的呢？"

最使布瓦博德朗感到莫名其妙的是，当时世界上只有他的实验室里有一块一毫克重的镓。

那个远在千里之外的圣彼得堡的陌生人，根本连镓都没有看到过，居然说他把比重测错了！布瓦博德朗简直有点不敢相信。

布瓦博德朗在给门捷列夫的回信中说，自己的测定不会有错。可是，门捷列夫再次写信，坚持要布瓦博德朗重新测定镓的比重。他认为，这是布瓦博德朗手中的镓不够纯净所导致的。他坚信，镓的比重应当在 5.9 到 6.0 之间，不可能是别的！

布瓦博德朗到底是科学家，他相信那个千里之外的人不会凭空要他重做实验。他决定用实验来判断谁是谁非。

布瓦博德朗重新提纯金属镓，再次测定镓的比重。果真，比重为 5.96，恰恰是门捷列夫所预言的 5.9 到 6.0 之间！

布瓦博德朗大为震惊。他异常兴奋地立即给门捷列夫写信，甚至比他发现镓时给他的老师伍尔兹写信时还要兴奋、激动。他在信中说："是的，门捷列夫先生，您没有错，镓的比重的确是 5.96。"

布瓦博德朗深深敬佩门捷列夫的远见卓识。他在一篇新的论文中写道："我以为没有必要再来说明门捷列夫的这一理论的巨大意义了！"

法国科学院震惊了！欧洲科学界震惊了！因为这是科学史上第一次用事实证明关于新元素的预言。

直到这时，各国科学家才急忙去查阅刊登门捷列夫论文的杂志。直到这时，门捷列夫发现的化学元素周期律才引起人们的重视。

人们一边读着门捷列夫四年前的预言，一边无比佩服门捷列夫的大胆、坚定和自信——他居然丝毫不怀疑自己的预言错了，却坚信元素发现者的实验做错了！

于是，门捷列夫关于化学元素周期律的论文，迅速地被译成法文和英文。至于德国，已在几年前译过门捷列夫的论文，但是当时没人注意它。

那些日子门捷列夫也很激动，因为事实证明了他的理论并不是"痴人说梦"！

后来，恩格斯在《自然辩证法》一书中，高度评价了门捷列夫的功绩：

"门捷列夫证明了：依据原子量排列的同族元素的系列中，有各种空白，这些空白表明这里有新的元素尚待发现。他预先描述了这些未知元素之一的一般化学性质，他称之为亚铝[1]，因为在以铝为首的系列中它是紧跟在铝后面的。并且他预言了它的大致比重和原子量以及它的原子体积。几年以后，勒科克·德·布瓦博德朗真的发现了这个元素，而门捷列夫的预言被证实了，只有极小差异。后来，亚铝被命名为镓。门捷列夫不自觉地应用黑格尔的量转化为质的规律，完成了科学上的一个勋业，这个勋业可以和勒维烈计算尚未知道的行星海王星的轨道的勋业居于同等地位。"[2]

胜利接着胜利

一个胜利，接着一个胜利。

一张捷报，接着一张捷报。

1800 年，瑞典化学家尼尔逊和克勒维，差不多同时在一种名叫"硅钇矿"的矿物中发现了一种新元素。由于瑞典位于斯堪的纳维亚半岛，他们把元素命名为"钪"，意即"斯堪的纳维亚"。

钪，就是门捷列夫预言的"类硼"。尼尔逊把他的发现跟门捷列夫的预言对照后，深为惊叹，说道："这样一来，俄国化学家门捷列夫的预言已经得到最明白的证明了。这个思想不仅能预见化学元素的存在，并且能预言它的最重要的性质。"

门捷列夫最大的胜利，在于"类硅"被证实。

1886 年，德国化学家文克列尔报告说，他用光谱分析法发现了新元素锗。

报告刚刚发表，很多人就把它与门捷列夫的预言相比较——因为经过发现镓、钪的考验，人们已对门捷列夫的预言坚信不疑，所以一听到发现

---

[1] 此处的"亚铝"即"类铝"。

[2] 《马克思恩格斯选集》第三卷，人民出版社，1972 年版，489—490 页。

新元素，便立即拿门捷列夫的预言相对照。

锗，就是门捷列夫预言的"类硅"。人们惊讶地发现，文克列尔在 1886 年的测定与门捷列夫 1871 年的预言何等相似！

门捷列夫预言："锗是一种金属，原子量大约是 72，比重大约是 5.5。"

文克列尔测定："锗是一种金属，原子量为 72.3，比重为 5.35。"

门捷列夫预言："这种金属的氧化物的比重大约是 4.7，它极易溶解于碱，并易被还原为金属。"

文克列尔的测定："氧化锗的比重是 4.703，易溶解于碱，并可用碳还原为金属。"

门捷列夫的预言："这种金属和氯的化合物应是液体，比重大约是 1.9，沸点大约是 90℃。"

文克列尔的测定："氯化锗是液体，比重为 1.887，沸点为 86℃。"

15 年前的预言，竟是如此准确，仿佛当时门捷列夫手里拿着一块锗似的——而实际上，那时候连有没有这种元素都不得而知！

在给门捷列夫的信中，文克列尔十分激动地写道："……祝贺您的天才的研究工作所获得的新胜利，谨向您表示我衷心的敬意。"

在一篇谈论锗的发现的文章中，文克列尔深刻地指出："如果我们认为锗本身是一个值得注意的元素……那么研究它的性质，在作为测验人类的远见的试金石方面而言，乃是一个不寻常的引人入胜的问题。不会再有例子能更明显地证明元素周期学说的正确性了……它不单单证明了一个大胆的学说，还大大地扩展了人们在化学方面的眼界，意味着人们在认识领域内前进了一大步。"

科学最尊重事实。在事实面前，权威们服输了，冷嘲热讽成了吹破的肥皂泡。

门捷列夫也非常高兴地在一篇文章中写道："我想不到自己能活到周期律的预言被证实的日子。我预言的三个元素——类硼、类铝、类硅，还不到 20 年，我已欣慰地看到这三个元素都被发现了。"

紧接着，门捷列夫在 1871 年所预言的其他许多"缺席"元素，也被一一找到了。

1895 年，英国化学家拉姆塞在分析钇铀矿时，首次分离出氦。对照门捷列夫的预言，原来氦就是门捷列夫在 1871 年所指出的"原子量在 1 到 7……位于氢和钾之间的元素"。氦的原子量为 4，正好在"1 到 7"之间。

门捷列夫还曾预言"另一个原子量约为 20……位于氟和钠之间的元素"。1898 年，拉姆塞发现了元素氖。果然，它是"位于氟和钠之间的元素"，原子量为 20.179！

拉姆塞怀着崇敬的心情，称门捷列夫为"我们伟大的导师"。这"导师"一词，并非过誉，因为门捷列夫确实是一位指导人们探索未知元素之谜的导师！门捷列夫在 1871 年曾预言：

"重金属之中可以有一个和碲相似而原子量却比铋大的元素……其次第十列中还可能有属于第一、第二、第三族的元素。它们的原子量在 210—230。……第一个和铯类似，第二个和钡类似……在钍和铀之间的同一列中，还可能有一个原子量约为 235 的元素……"

从 1898 年到 1918 年的 20 年中，人们接连发现除"和铯类似"元素之外的这些未知元素：

1898 年，居里夫人发现了新元素钋。钋的原意是"波兰"，居里夫人用以纪念自己的祖国——波兰。钋，就是那个"和碲相似"的元素。它的原子量为 209，果然比铋的原子量大！

同年，居里夫妇发现了放射性元素镭。镭的希腊文原意就是"射线"。镭，就是那个"和钡类似"的元素，它的原子量为 226.03，果真在"210—230"。

1899 年，法国化学家德比埃尔内发现了新元素锕。它是门捷列夫预言过的"类镧"。

1918 年，哈恩、迈特纳等发现了新元素镤。镤的位置确实是"在钍和铀之间"，原子量为 231，与门捷列夫预言的 235 相近。

至于那个"和铯类似"的元素，是在 1939 年被法国女化学家佩雷发现的。她用她祖国的名字——"法兰西"，来命名这个新元素，译成中文便是"钫"。钫的性质，的确与铯十分类似。

后来门捷列夫曾预言过的未知元素"三锰"、"亚锰"和"亚碘"，也分别被发现：

1925 年，发现了铼，即门捷列夫所预言的"三锰"；

1937 年，发现了锝，即门捷列夫所预言的"亚锰"；

1940 年，发现了砹，即门捷列夫所预言的"亚碘"。

这样，门捷列夫在 1871 年所预言的 11 种未知元素，全部被找到了。

人们在门捷列夫化学元素周期表的指导下，还发现了一系列新的元素——惰性气体氪、氙、氡。

前面说到过，门捷列夫在排元素周期表时，遇到许多"捣乱元素"，他大胆地改动了这些元素的原子量。门捷列夫一共改正了九种化学元素的原子量。后来，人们精确地加以测量，发现门捷列夫改动后的原子量，竟是那么正确。

记得在 1869 年，门捷列夫大胆改变这九种元素的原子量时，曾遭到俄国化学界的猛烈攻击，被认为"改变至今所公认的原子量，过于仓促了"，门捷列夫周期律被认为是"不可依靠"的"一种普通分类法"。甚至还有人说，门捷列夫自己不做实验，凭空根据什么"化学元素周期律"去"擅自"改动"经过反复精确测量"的原子量，是"天大的笑话"，是"对科学的侮辱"。

元素名称	1869 年测定的原子量	门捷列夫在 1869 年改正的原子量	现代测定的原子量
铍（Be）	13	9	9.012 182
铟（In）	75.36	113	114.818
镧（La）	94	137	138.905 5
镝（Dy）	95	140	162.5
钇（Y）	60	88	88.905 85
铕（Eu）	112.6	178	151.964
铯（Cs）	92	138	132.905 45
钍（Th）	116	232	232.038 1
铀（U）	120	240	238.028 91

历史证明，门捷列夫之所以有"先见之明"，是因为他是站在科学高峰上，能够"登高望远"。

门捷列夫终生为真理而斗争。他确信他手中有真理，所以他不怕压，不信邪。他曾说过这样的话："每一个自然规律，只有当它可以产生实际的结果，亦即做出能解释尚未阐明的事物和指出至今未知的现象的逻辑结论时，特别是这个规律导致能为实验所验证的预言时，才获得科学的意义。"门捷列夫之所以成功，便是由于他的预言"为实验所验证"。

种种传说

这样的历史现象是屡见不鲜的：一个年轻人含辛茹苦创立一种新理论的过程中，常常遭到白眼、讽刺、打击。而他一旦成功了，受到世界的公认，却马上变成了神，似乎他的成功是从天上掉下来的，是灵机一动想出来的。

门捷列夫就是这样。他创立化学元素周期律的时候，人们差一点把他踩到地上；他获得了成功之后，人们却差一点把他吹上了天！

于是，关于门捷列夫获得成功的种种传说，流传开了。

有人说，门捷列夫是在做梦时得到化学元素周期表的。这种传说，说得那么逼真：门捷列夫排不出化学元素周期表，累极了，不由得睡着了。梦里，他忽然梦见了周期表，那上面一个个化学元素全都排对了位置。门捷列夫高兴得哈哈大笑，从睡梦中笑醒。一醒过来，门捷列夫赶紧把刚才梦中所见的周期表记下来。后来，他仔细研究了这张梦中所得的周期表，发现除了一处需加修正，其余都是正确的。就这样，他发表了化学元素周期表，成了世界化学史上最伟大的化学家。

这个传说，除了说明门捷列夫做梦时还在思考化学元素周期表这一点，其余统统是无稽之谈。

又有一个传说出现了：门捷列夫在玩纸牌，纸牌上写着各种化学元素的符号。他玩着玩着，一下子就排成了一张化学元素周期表！

这个传说有那么一丝事实的影子，因为门捷列夫在创立化学元素周期表时，确实曾把化学元素符号写在纸牌上。不过，化学元素周期表绝不是"玩着玩着"所能"一下子就排成"的。

门捷列夫发现化学元素周期律之后，曾有不少人向门捷列夫打听成功的奥秘。

圣彼得堡小报的一个记者，就曾这样问："德米特里·伊万诺维奇，您是怎样想到您的周期系统的？"

门捷列夫听了，哈哈大笑起来，答道："这个问题我大约考虑了20年，而您却认为坐着不动，五个戈比①一行、五个戈比一行地写着，它突然就成

———————————

① 戈比，俄国的钱币。

了！事情并不是这样！"

记者又问："您觉得您是一位天才吗？"

门捷列夫不假思索，随口答道："什么是天才？终生努力，便成天才！"

其实，门捷列夫成功的原因无非是这两点：

一是历史条件——发现元素周期律的时机已经成熟；
二是个人条件——坚定不移的科学献身精神。

就个人的天赋而论，法国化学家拉瓦锡完全可以与门捷列夫匹敌。可是，尽管拉瓦锡做了元素分类工作，却不可能发现周期律。因为拉瓦锡比门捷列夫早生了91年，在拉瓦锡着手元素分类工作的时候，人们只知道33种化学元素，客观条件不成熟。在门捷列夫时代，人们发现化学元素周期律的条件成熟了。正因为这样，普劳特的"氢原子构成论"、德贝莱纳的"三素组"、尚古多的"元素螺旋线"、迈耶尔的"六元素表"、纽兰兹的"八音律"，已一步接着一步向发现化学元素周期律的顶峰挺进。其中特别是纽兰兹，他的"八音律"已揭示了元素周期律的某些内容，而迈耶尔也排出了十分类似的化学元素周期表，并简练、深刻地指出："元素的性质为原子量的函数。"也就是说元素的性质随着原子量增加会发生周期性的变化。

为什么在同一时期，德国人德贝莱纳、德国人迈耶尔、英国人纽兰兹、俄国人门捷列夫在不同的地方，同时向同一目标——发现化学元素周期律挺进呢？这只能说明，发现化学元素周期律的时机成熟了！

科学史上，经常有类似的事情：牛顿与莱布尼茨差不多同时提出微积分，罗巴切夫斯基、波约和高斯几乎同时提出非欧几何，勒贝尔和范托夫差不多同时创立立体化学理论，而丁肇中和里奇特是在同一天早上、不同的实验室里发现 J 粒子！

正因为这样，恩格斯曾深刻地指出："恰巧某个伟大人物在一定时间出现于某一国家,这当然纯粹是一种偶然现象。但是,如果我们把这个人除掉,那时就需要有另外一个人来代替他,并且这个代替者是会出现的——或好或坏,但是随着时间的推移总是会出现的。"① 然而,门捷列夫之所以成功,还在于他比德贝莱纳、迈耶尔、纽兰兹"棋高一着"。门捷列夫在给元素排队时,遇到"缺席元素",就给它留下空位;最惊人的是,他给那些"缺席元素"做了精确的预言——所有这些,是他同时代人所未能做到的。也就因为这样,人们把发现化学元素周期律的桂冠,恰如其分地戴到了门捷列夫的头上。

门捷列夫在创立化学元素周期律时,吸收了别人的优点,又超过了别人。

打开化学大门的金钥匙

门捷列夫只花了两个月,就写出了有机化学教科书;他写无机化学教科书——《化学原理》,却整整花费了 10 年时间。门捷列夫把时间花费在清除无机化学那杂乱无章的状态上面。正如他的一位友人所说的:"门捷列夫是一位无论如何也不能容忍杂乱无章现象的伟大人物。我很清楚地知道他是一位富有思考力的思想家,同时也是一位认为自然界并不存在杂乱无章的现象和偶然性的科学家。"

"如果我们看到自然界中有杂乱无章的现象,那么这种现象并不是自然界所固有的,而是由于我们对于自然界的认识不够。因此,门捷列夫在圣彼得堡大学做完化学讲座后,就着手编写无机化学教程。他认为必须把化学元素加以整理。"

----

① 《马克思恩格斯选集》第四卷,人民出版社,1972 年版,506—507 页。

发现了化学元素周期律之后，门捷列夫证明化学元素大家族并不是一盘散沙，而是有规律、有秩序的一个整体。无机化学的混乱状态就此结束。

化学元素周期律经过上百次修改，形式改变了许多次。在这里，向你介绍一下现代的化学元素周期表，你可以看到，经过门捷列夫的精心安排，化学元素家庭是何等井井有序！

化学元素周期表是按照化学元素原子量大小的顺序排列的。原子量，是表现原子重量的一种量。称萝卜论斤，而原子的重量是用氢原子来论的。氢原子是最轻的原子。跟氢的原子相比，每一种元素的原子重量是它的多少倍，那么这个元素的原子量就是多少。也就是说，原子量是原子的相对重量。比如，氧原子的重量为氢原子的 16 倍，氧的原子量便为 16；碳原子的重量为氢原子的 12 倍，碳的原子量便为 12。

现在，世界上总共有 118 种化学元素。原子量最小的元素是氢，最大的是 118 号元素鿫。从氢到鿫，按原子量大小排成一长队，每一个元素在队伍中的顺序号码，叫作"原子序数"。如氢是第一名，原子序数为 1；氦是第二名，原子序数为 2；锂是第三名，原子序数为 3……

化学元素周期表上，横的叫"周期"，竖的叫"族"。118 种化学元素，共分为 9 族。例如，氢①、锂、钠、钾、铷、铯、钫、铜、银、金这 10 个元素，被划为第Ⅰ族②；铍、镁、钙、锌、锶、镉、钡、汞、镭这 9 个元素，被划为第Ⅱ族……氦、氖、氩、氪、氙、氡这 6 个元素，被划为第Ⅷ族。

同一族的化学元素的性质十分类似。如第Ⅰ族元素，都具有较强的金属性，而第Ⅱ族元素都是碱土金属……同族元素的化合价是一样的。如第Ⅰ族的化合价都是+1 价；第Ⅱ族的化合价都是+2 价；第Ⅲ族的化合价都是+3 价……第Ⅷ族的化合价都是 0 价，也有些元素有几种化合价。

---

① 氢一般被划在第Ⅰ族，也有的把它划在第Ⅷ族。

② 在化学上，一般用罗马数字来表示第几族。如Ⅲ表示第三族，Ⅴ表示第五族，Ⅷ表示第八族。

门捷列夫为什么能够对未知元素做出精确的预言呢？他是根据同族元素性质相似的原则做出预言的。就拿他预言的"类硅"——锗来说，它的原子量是怎样被预言的呢？

在第Ⅳ族中，位于锗之上的是硅，它的原子量为 28；位于锗之下的是锡，它的原子量是 118。

那么，锗的原子量便是：

$$(28+118) \div 2 = 73$$

另外，在锗的左边，是那时尚未发现的镓，当时门捷列夫算出镓的原子量为 68。而锗的右边是砷，其原子量为 75。据此，锗的原子量为：

$$(68+75) \div 2 = 71.5$$

然后，门捷列夫再把这两个数字加以平均：

$$(71.5+73) \div 2 \approx 72$$

所以，门捷列夫预言锗的原子量为 72。后来，文克列尔测得锗的原子量为 72.3。门捷列夫所预言的其他数字、未知元素的性质，也是根据这些方法推算的。

门捷列夫发现化学元素周期表的最大功绩，在于深刻揭示了化学元素间的内在联系。它表明，化学元素不是彼此隔离、彼此孤立的，而是有着密切联系的统一体，互相关联，互相制约。它说明大自然是统一的，是可以被认识的。它的发现，有力地打击了形而上学在化学中的统治，是辩证唯物主义在化学上的重大胜利。

化学元素周期律现在成了化学的基础理论，同时也是化学这门科学最根本的规律。正因为这样，门捷列夫被誉为近代化学的奠基人——化学之父。门捷列夫发现化学元素周期律，犹如掌握了打开化学大门的金钥匙。从此，他写《化学原理》一书，感到心明眼亮，文思如泉涌，写出了世界上第一部以化学元素周期律为纲的无机化学教科书。至今，全世界的无机化学教科书，几乎都是以化学元素周期律为系统讲述各种化学元素的。

　　门捷列夫以化学元素周期律为系统讲无机化学课，深受学生们欢迎。门捷列夫竭尽全力，热心培养接班人。他说："我要把生命的宝贵时光和全部精力贡献给教育事业。"门捷列夫的学生，曾这样回忆门捷列夫讲课时的盛况：

　　"在门捷列夫开始讲课之前，不仅他讲课的第七教室，就在邻近的其他房间也早已挤满了各系和各年级的许多朝气蓬勃的学生。他们按照往年的习惯来听开学的第一次课，以便向这位教授、圣彼得堡大学的骄傲、俄国科学的荣耀——德米特里·伊万诺维奇·门捷列夫，表示他们的爱戴和崇敬的感情。我当时也挤在这些激动、兴奋而喜悦的学生群中，我们迫切地期待着门捷列夫的莅临。从隔壁的房门直接开向讲台的那个实验标本室里，传来轻轻的脚步声，教室中顿时肃静下来，门捷列夫出现在门口。他身材魁伟，稍稍驼背，他那斑白的长发直垂到两肩，银灰色的长衫衬托着他那副目光炯炯、严肃而纯朴的面孔。当时的情景至今仍历历在目。

　　"欢迎、欢呼和掌声，像春雷一般，震天撼地。这简直是一场暴雨，是一阵狂风。全体同学都在高声欢呼，大家都欣喜若狂，每一个人都尽情地表达出自己的欢乐、自己的颂扬和热忱……

　　"只要看到当时欢迎门捷列夫的这种热烈场面，就会体会到他是一位伟

大的人物。他令人神往地影响了所有的人，并吸引住了所有接触过他的人的智慧和良心。"

另一位学生回忆道：

"门捷列夫声音低而有力，言辞充满着热情，他好像找不到字眼似的，初次听他讲课的人也会感到发窘，想催促他，暗示他所缺少的字眼。然而，这种焦虑完全是多余的，门捷列夫一定会找到适当的字眼，那就是人们所意想不到的、精确简明的借喻字眼……他始终作为讲课依据的、贯串着包罗万象的公式和深奥无比的种种科学观点，令人心向神往。

"他的讲课经常涉及力学、物理学、天文学、天体物理学、宇宙起源论、气象学、地质学、动植物的生理学和农业学的各方面，同时也涉及技术各部门，包括航空和炮兵学。

"由于门捷列夫对当时科学的发展有明确的认识，他直接参与解决各种最新的基本问题，而且又结识了许多当代杰出的人物，因此他的讲述就成了包括许多直接观察和印象的一股生动泉流。"

冷　遇

由于发现了化学元素周期律，门捷列夫闻名于全世界。几乎所有的外国科学院，如伦敦科学院、巴黎科学院、柏林科学院、罗马科学院、波士顿科学院，都聘请门捷列夫为名誉院士。

门捷列夫还光荣地担任了世界上 100 多个科学团体的名誉会员。

然而，在国内，门捷列夫一直遭受冷遇。他不仅在发现化学元素周期律的那些日子里受到冷嘲热讽，就在他获得巨大成就之后，依然坐冷板凳！

1880 年，那位曾训斥门捷列夫"不务正业"的齐宁去世了。齐宁是俄国科学院院士。按照俄国科学院的规定，院士缺额，应予递补。

于是，发生了一场谁来当选院士的斗争。

不论是按照对科学的贡献还是在国内外的声望，理所当然的应该是门捷列夫当选。俄国科学院章程上，堂而皇之地写着：俄国科学院是俄罗斯帝国第一流的科学院。它"努力扩展造福人类的各种知识范围，并以新的发现来增进和丰富这种知识的科学家"。然而写在纸上是一回事，实际上又是另一回事。

著名的俄国有机化学家布特列洛夫亲自提名门捷列夫为科学院院士候选人。他说："门捷列夫有资格在俄国科学院中占有席位，这当然是任何人都不能否认的。"

可是，俄国科学院直接听命于沙皇政府。

沙皇政府对门捷列夫一直不怀好感。他们挑选了另一个显然不够资格的人，作为候选人。因为这个人"具有忠臣良民的典型思想，不像门捷列夫那样耿直大胆而永远不会来拥护沙皇政府"。

就这样，1880 年 11 月 11 日，由于沙皇政府的操纵，在选举科学院院士时，门捷列夫落选了！

消息传出，引起了俄国正直的科学家的愤慨，也受到国际舆论的谴责，人们把这件事称为"门捷列夫事件"。

布特列洛夫仗义执言，在《俄罗斯报》上发表了题为《俄罗斯的科学院还是皇帝自己的科学院？》，尖锐地抨击了沙皇政府。

基辅大学的教授们也忍无可忍了，他们一致选举门捷列夫为基辅大学的名誉院士。

门捷列夫非常感动，他在给基辅大学校长的信中，诚挚地说："我衷心地向您和基辅大学校委会致以谢忱。我深刻了解这是俄国的荣誉，而不是我个人的荣誉。科学原野上的幼苗，是为了人民的利益而萌芽、滋长的！"

"科学原野上的幼苗，是为了人民的利益而萌芽、滋长的！"这话说得多好呀！正是从小受到十二月革命党人的思想影响，而且后来一直是在受歧视、受压迫的环境中成长，所以门捷列夫痛恨沙皇政府，站在人民一边。

自从发生"门捷列夫事件"之后，门捷列夫更加看清了沙皇政府的嘴脸。

1890 年 3 月，圣彼得堡大学爆发了反对沙皇亚历山大三世的学生运动，学生们决定向沙皇政府发出请愿书。学生们请求著名的门捷列夫教授给予帮助。

门捷列夫毫不犹豫，挺身而出，投入革命洪流。3 月 14 日，门捷列夫参加了学生大会。人们看到门捷列夫教授出现在大会主席台上，高兴得狂呼起来。门捷列夫发表了热情洋溢的演说，支持学生们的行动。门捷列夫接受了学生们的请愿书，答应由他面交给沙皇政府国民教育部部长捷良诺夫。

3 月 16 日，由门捷列夫亲自递交的请愿书，被退回来了。

在请愿书上，写着这样的批文：

国民教育部部长命令，请愿书退还现任五等文官门捷列夫教授，因为部长以及为圣上效劳的任何人员都无权接受此项请愿书。

此致

门捷列夫阁下

捷良诺夫

1890 年 3 月 15 日

门捷列夫收到被退回的请愿书，决定辞职，以表示对沙皇政府的抗议。

沙皇政府出动了警察，到学校里逮捕学生。

3 月 22 日，门捷列夫再次出席学生大会，发表最后一次演说。最后，门捷列夫以沉重的声调说道："由于众所周知的原因，我恳切地请求大家在我退席时不要鼓掌。"

就这样，这位伟大的化学家被迫离开他曾工作了 33 年的圣彼得堡大学。

学生们的心，像灌了铅一样沉重。

门捷列夫的心，也像灌了铅一样沉重。

一个驰誉全球的科学家，在他的祖国受到了冷遇。然而，他热爱他的祖国，决定终生为人民工作。在门捷列夫辞职之后，尽管国外有许多大学聘请他去工作，他都婉言谢绝了。

多方面的贡献

门捷列夫到哪儿去了呢？

他如同算盘珠一样被拨来拨去。沙皇政府尽量把他安排在无关紧要的地方，把他闲置起来。

然而，门捷列夫依旧是那样耿直敢言，依旧那样勤奋工作。

1890 年，门捷列夫被调到海军部的海军科学技术实验室，在那里研究起无烟火药来。门捷列夫放下了对化学元素周期律的研究，认认真真试验新炸药。果然，他制成的新炸药，超过了国外水平。然而，没多久，他被迫离开了那里，原因是"海军炮队某些大人物对他的思想不表同情，和他的思想敌对"。

1892 年，门捷列夫被任命为"标准度量衡贮存库"的库长。翌年，这个"贮存库"被改为"度量衡检定总局"，门捷列夫随之被任命为局长。在这个岗位上，门捷列夫度过了他的晚年，直到逝世。

人们很难设想，一位发现了化学元素周期律的著名化学家，居然放弃了本行，研究起度量衡来了。

门捷列夫不忘"终生努力"。他只懂得不停地劳动，不知道什么叫享乐。他说："劳动吧，在劳动中可以得到安宁，而在其他事务中是找不到的！享乐只是为了自己，它是会消失的；但是为别人而劳动，却会留下永恒愉快的痕迹。"门捷列夫埋头在度量衡总局的实验室里，着手建立一整套度量衡标准。他改革各种俄制度量衡，推广国际通用的公制度量衡。他忙着在各地建立度量衡检验室。他渐渐生病了，病越来越重，以致双目半盲，但他仍坚持工作，坚持写作。门捷列夫是一位辛勤的学者。他一生事业的最高峰，在于发现化学元素周期律。除此之外，他曾涉猎许多科学领域，做出他的贡献。

门捷列夫的贡献是多方面的。

门捷列夫详细地研究过溶液理论。当时，人们都认为，一种物质在水中溶解了，所形成的溶液无非就是这种物质的分子和水分子的机械混合物。

门捷列夫却不同意这种观点。他把酒精和水混合，认真测量混合前后的体积。他发现，酒精与水混合所形成的溶液的体积，比原先酒精与水的总体积小！也就是说，酒精与水混合以后，体积缩小了。经过测定，门捷列夫发现当酒精占 46％、水占 54％[①]时，它们的混合溶液的体积最小。为此，门捷列夫在 1865 年发表了博士论文《论酒精和水的化合物》，认为水和酒精不是机械地混合，而是形成了某种化合物。因此，他认为"溶解过程是化学过程"，认为"物质在水中溶解时，发生了一定的化合作用"。这就是门捷列夫创立的"溶解水化理论"的基础。

后来，他又深入研究了 283 种物质的溶液，进一步丰富了溶液水化理论。这一理论对建立现代溶液理论做出了很大的贡献。

门捷列夫曾研究过流体力学。苏联著名科学家齐奥尔科夫斯基在门捷列夫逝世纪念会上说，门捷列夫关于流体阻力的著作，可以作为研究造船、航空和火箭飞行理论的基础读本。

---

① 指重量比。

空气

一氧化碳

不完全燃烧

煤

　　门捷列夫从小对工农业生产就有很深的感情。他曾这样说："我在母亲所经营的并以此来养活她的孩子的玻璃工厂里长大，从幼年起，就熟悉工厂的工作，很清楚地知道工厂是人民的养育者，甚至在西伯利亚辽阔的原野上也是如此，因此我献身于像化学这样既抽象又实际的科学。"

　　曾经，门捷列夫到过一座煤矿，正好遇上煤矿发生大火，死了不少煤矿工人。他深为痛心。煤能在地下燃烧，放出一氧化碳气体，这件事也给了他一种启发。于是，门捷列夫提出了著名的"地下煤气化"的设想。

　　门捷列夫说，今后不必用人下去挖煤，而是叫燃料自动"跑"上来！燃料怎么会自动跑上来呢？他做了这样极其大胆的设想：往煤矿里通入空气，使煤在地下做不完全燃烧，变为气体燃料——一氧化碳。然后，用管子把这来自地下的气体燃料，输送到用户那里去！

　　门捷列夫发表了《在顿河河岸上未来的动力》一文，热情洋溢地写道："料想这样一个时代可能到来——那时地下的煤将不从地下取出，而能使煤就在地下变成可燃气由管子送往远处。"

门捷列夫对农业化学也曾产生浓厚的兴趣。他建议,在酸性的土壤中撒入碱性的石灰,可以中和酸性,提高农作物的产量。后来,农业生产的实践证明,他的建议是很正确的。门捷列夫还曾亲自到农村收集骨头,制作骨粉,再用硫酸处理,制成可溶性过磷酸钙。这种磷肥,使庄稼的产量提高了。

门捷列夫曾在巴库油田进行调查,还参观过美国宾夕法尼亚的采油场。他从化学角度思索石油是怎样形成的,提出一种新的石油起源学说——认为石油最初起源于金属硫化物。这是他独树一帜的石油起源理论。

门捷列夫的兴趣非常广泛。他不光对数学、物理、气象都很有兴趣,还喜欢惊险小说、游记、诗歌。

门捷列夫甚至对绘画也有着浓厚的兴趣。每逢星期三,俄国著名画家列宾等常到门捷列夫家做客,谈论艺术,谈论绘画。门捷列夫家的墙壁上,除了挂着化学元素周期表,还挂着许多名画。

门捷列夫喜爱绘画,是深受妻子的影响。门捷列夫的妻子安娜·依万诺芙娜·波波娃,是他侄女的女友。他们于1880年结婚。安娜擅长绘画。正因为这样,他们家的"星期三聚会"中,不仅有科学家,也来了许多艺术家。安娜曾回忆道:"这里可以听到一切的艺术新闻。艺术商店送来艺术出版物给'星期三聚会'审阅。有时艺术界中的创作家把自己的新创作带来展览……门捷列夫所创造的这种气氛,到处都呈现着高尚的知识趣味,而没有低级的趣味和诽谤,使星期三变得格外有趣而愉快。"

门捷列夫曾为画家库因芝的作品《第聂伯河上的月夜》写过一篇评论《在库因芝的画前面》。

1894年,门捷列夫被推荐为俄国艺术科学院院士。

门捷列夫专心于科学研究工作,在生活上总是从简从朴,非常随便。有一次,沙皇要接见他,门捷列夫事先声明,请允许他随便穿什么衣服——平时穿什么，接见时穿什么。门捷列夫衣服的式样，常常落后于别人 10 年甚至 20 年，他毫不在乎。他说："我的心思在周期表上，不在衣服上！"

他的头发一两个月才剪一次，式样也很随便。那时，男人中流行戴假发。门捷列夫摇摇头说："我喜欢我自己的头发！"

门捷列夫喜欢音乐，烟瘾很大，也很喜爱孩子，他曾说："我生平心爱的一切事情莫过于小孩们在我旁边。"

在门捷列夫时代，铝是很昂贵的东西。因为当时人们用金属钠做还原剂制取铝，金属钠比黄金还贵，当然铝的身价也很高了。1889 年，英国帝国理工大学在伦敦庆祝门捷列夫的科学成就时，特地向门捷列夫赠送了贵重的礼物。这贵重的礼物是什么呢？一只铝制的花瓶和一套铝制的高脚酒杯！

门捷列夫很爱他的学生。他说："科学的种子是为了人民的收获而萌芽的。"他辛勤地播种着，把科学的种子播进学生们的心田。他执教 33 年，培养了一大批科学人才。他的学生中，有许多人后来成为著名的化学家。

门捷列夫对科学的贡献是巨大的。但是，到了晚年，在某些科学问题上，他也显得有点保守。

比如，人们发现了放射现象，即一种原子分裂后可以变成另一种原子，这意味着一种化学元素可以转化成另一种化学元素，门捷列夫却认为化学元素是不可能转化的。他说："我们不应当相信我们已知单质的复杂性"，"应当消除任何相信我们所已知的单质的复杂性的痕迹"。他还特别强调："关于元素不能转化的概念特别重要……是整个世界观的基础。"

当人们发现电子的时候，门捷列夫否认会存在电子。他说电子"没有多大用处"，"只会使事情复杂化"，"丝毫也不能澄清事实"。

然而，放射现象的发现，电子的发现，却进一步加深了人们对化学元素周期律的认识，发展了这一理论。

当年，门捷列夫在创立化学元素周期律的时候，敢于向守旧势力发动猛攻，那是因为他每天都在进行化学研究，都在实践。然而，在他的晚年，由于沙皇政府的迫害，他不得不离开化学，埋头在统一度量衡的工作之中。这时，他在某些问题上转变为保守，正是由于他离开了实践。

这，如同他自己曾经说过的那样："把'理论'和'实践'分开，是许多错误思想的根源。"

为科学而献身

门捷列夫的一生，是与困难作斗争的一生。他终生在逆境中度过。他，为科学而献身！在门捷列夫的晚年，他那为科学而献身的精神更感人肺腑。

那是在 1887 年 8 月 19 日。据推算，那一天要发生日食。门捷列夫决定，要乘坐气球到高空去仔细观察日食。

"德米特里·伊万诺维奇，气球要飞到很高很高的地方，那里空气稀薄，气温又低，风又大，太危险了！您别上去！"人们都这样劝告门捷列夫。

"哈哈，我正是要飞到很高的地方，我喜欢高空！"门捷列夫爽朗地大声笑着说，"在地面上，因云雾遮挡，看不清日食。我到高空去观察日食，不是为了我自己，是为了科学！"

门捷列夫早就希望制造气球，以便详细研究气象和日食。他曾说："大气的上层就是气象实验室，云在那里形成，云在那里移动，但人们很少在那里设置测量仪器……必须从远离地球的大气层中，去寻找地球表面许多气象学现象的发源。"

然而，那时的沙皇政府怎肯拨款去制造什么气球呢？

门捷列夫决定用自己的稿费来资助制造气球的工作。那时出版的门捷列夫著作上，都印着这样的说明："作者规定，此书售后所得款项用于制造一个大型气球以全面研究大气上层的气象学现象。"

门捷列夫自己动手画设计图。经过几年的筹备，气球终于造出来了。这时，正好日食的日子逼近了。于是，门捷列夫决定，这个气球第一次上天，就用来观察日食现象。

气球运到了克林。气球下面有个吊篮，预计可以坐两个人。本来，是门捷列夫和航空家科文柯一起乘坐，科文柯负责驾驶气球，门捷列夫负责观测。

　　然而，到了现场，发现气球的上升力不够，吊篮里只能坐一个人。

　　这时，更多的人劝告门捷列夫别上去。人们认为，门捷列夫是举世闻名的大科学家，没必要冒这个险。何况他年老多病，恐怕受不了。

　　门捷列夫却毅然决定独自乘上气球！他一边跨进气球的吊篮，一边对人们说："气球也是物理观测仪器。你们看，有多少人像注视着科学实验一样在注视着气球的飞行。我不能辜负他们对科学的信念！"

　　气球缓缓上升。门捷列夫一个人飞上高空，众目睽睽之下，无数善意的朋友在为他的安全而担心，同时也为他的献身精神所感动。

　　在高空，门捷列夫仔细观察了日食的全过程，还对高空气象做了详细记录。

　　气球徐徐下降，他终于安全返回地面。

　　人们把门捷列夫团团围住，甚至把他抬了起来，像欢迎凯旋的英雄似的欢迎他回来。

　　门捷列夫这种为科学而献身的精神，贯穿他的一生。

　　正因为这样，这位化学巨人在 1907 年 2 月 2 日清晨离开人世时，是坐在书桌前逝世的，他的手中还握着笔！

　　也正因为这样，当这位化学巨人出殡时，几万人自发加入送殡行列，向他表示自己内心的敬意。

　　门捷列夫的格言，是值得深思的：

什么是天才？终生努力，便成天才。

人的天资越高，他就越应该多为社会服务！

7 走向现代科学

化学女杰

如果说：

17 世纪的化学巨匠是波义耳；

18 世纪的化学巨匠是拉瓦锡和道尔顿；

19 世纪的化学巨匠是门捷列夫；

那么，20 世纪的化学巨匠则是居里夫人。

居里夫人名叫玛丽·斯可罗多夫斯卡，本是一位波兰姑娘。她在法国巴黎毕业以后，和法国青年物理学家比埃尔·居里结婚，于是人们称她为居里夫人。

居里夫妇毕生的主要功绩，可以用两个字来概括——"镭"和"钋"。

早在 1898 年 4 月 12 日，法国科学院就发表了居里夫人的报告："……有两种铀矿，沥青铀矿和辉铜矿，放射性要比纯铀强得多。这种现象极为值得注意。我认为，这两种矿物中，很可能含有一种比铀的放射性强得多的新元素。"

居里认为妻子的这一见解极为重要，马上放下自己手头关于物理学的研究课题，加入妻子的发现新元素的工作。

可是，法国科学院的许多科学家对此表示怀疑："你们先把这种元素拿给我们看，我们才能相信。"

就在这年 7 月，居里夫妇向法国科学院报告："我们从沥青铀矿中提取的物质里，发现一种尚未被发现的金属元素，它的性质与铋相近……我们提议把它叫作钋，以纪念我们两人之一的祖国。"

居里夫人的祖国是波兰。钋的拉丁文名为 Polonium，由波兰拉丁文国名 Polonia 一词的词头构成。同年 12 月，居里夫妇又和贝蒙一起向法国科学院报告："在放射性的新物质中含有一种新元素，我们提议把它叫作镭。这种新元素的放射性非常强烈。"镭的拉丁文为 radium，意即"射线"。

紧接着，居里夫妇花费四年多时间，历尽艰辛，从沥青铀矿中提取了镭和钋。

四个春秋过去了，居里夫妇终于从沥青铀矿中提取到 0.1 克金属镭！居里夫妇没有正规的实验室。他们在一间本来是贮藏室的破房子里工作。春天的雨、夏日的骄阳、秋天的沙尘、寒冬的朔风，使居里夫妇历尽千辛万苦。当时，一位科学家看到居里夫妇的"实验室"，叹道："这里简直类似于马厩，又如同马铃薯窖般简陋！"

"自古雄才多磨难。"居里夫妇正是在磨难中成为一代化学巨匠的。

1903 年，居里夫妇和贝可勒尔共同荣获诺贝尔物理学奖。在这样幸福的时候，居里夫妇在想什么呢？

他们说："我们毫不需要奖金，我们最需要的是一间实验室！"

1906 年，居里不幸被一辆马车撞死。居里夫人坚强地一人做两人的事。在 1910 年，她终于提取到纯净的金属镭。

1911 年，居里夫人荣获诺贝尔化学奖。她，被人们誉为"化学女杰""镭的母亲"。

有人劝她申请关于制取镭的专利，这样可以成为百万富翁。居里夫人毫不犹豫地将提炼的方法公开了。她说："镭是一种元素，它属于人民所有，任何人不能拿它来发财致富。"

固然，居里夫人在化学上的成就，主要在于发现了镭和钋。但是，作为一位科学家，她以自己高尚的科学道德，成为后人的楷模。

爱因斯坦在悼念居里夫人时，曾非常确切地评论居里夫人一生的功绩：

"在像居里夫人这样一位崇高人物结束她的一生的时候，我们不要仅仅满足于回忆她的工作成果对人类做出的贡献。第一流人物对于时代和历史进程的意义，在其道德品质方面，也许比单纯的才智成就方面还要大。即使是后者，它们的程度，也远超过人们通常所认为的。"

从原子—分子论的观点来看

进入 20 世纪，现代化学理论创立了。现代化学理论，是以原子—分子论作为基础的。

按照原子—分子论的观点，世界上一切物质都是由分子组成的，而分子则是由更小的颗粒——原子组成的。

世界上房子的式样，像春天的花儿一样多！有圆的，有方的；有平房，有楼房；有茅草房、砖房；有白的、灰的；有中国式的、罗马式的、俄罗斯式的、日本式的……但是，世界上并没有千万种建筑材料。这些各式各样的房子，无非都是由木头、砖头、石灰、水泥、玻璃、钢筋等几种建筑材料盖成的。

同样的，尽管我们周围有数不清的各式各样的物质，但是，它们只是由 90 多种化学元素①构成的。例如，水分子是由 2 个氢原子和 1 个氧原子构成的，食盐分子是由 1 个氯原子和 1 个钠原子构成的，而铁分子只是由 1 个铁原子构成的。

发生化学反应时，参加反应的几种物质的分子被破坏了，而原子并没有被破坏。反应过程中，原来的分子中的原子被拆散，重新配搭，生成了新的物质。例如氯化钠和硝酸银在反应时，钠原子和银原子交换了自己原先的"伙伴"，结果生成氯化银和硝酸钠。这场交换反应，正像你的小弟弟玩积木一样：把几座已经搭好的"房子"拆掉，用它们的"砖头"，重新再搭起新的"房子"。这时"房子"的式样虽然改变了，但是，构成它们的"砖头"依然是那么多。

一切化学反应，从原子—分子论的观点看来，只不过是这样一场搭了又拆、拆了又搭的"化学积木游戏"罢了。在反应中，不论是每种原子的个数，或者每种原子的重量，都没有改变。既然每种原子的个数和重量在反应前后都没有改变，那么，它们的总重量当然也就不会改变。这，就是物质不灭定律的实质。

定组成定律和倍比定律，是物质不灭定律的发展。从原子—分子论的观点来看，定组成定律和倍比定律的本质，也很清楚。

按照原子—分子论的观点来看，同一种元素的每个原子，它们的重量和大小都是相等的。② 例如，所有氢原子的重量和大小都是一样的，所有氧原子的重量和大小也都是一样的，不过一个氢原子同一个氧原子的重量和大小是不一样的。

氢原子和氧原子化合，配搭成水分子，变成水。事实证明，氢氧化合所生成的水分子，都具有——事实上的组成——由 1 个氧原子和 2 个氢原子组成的。换句话说，所有水分子的大小和重量，也都是一样的。一切纯

---

① 现在发现的化学元素共有 118 种，而天然存在的只有 94 种。
② 为了简单起见，这里不包括同位素。

净的物质都是由同一种分子组成的，每一个分子都具有同样的、固定不变的组成。

正因为水分子具有固定的组成，所以当普鲁斯特分析了来自世界各地的水以后，所得的结果都一样：水含氧88.9%，含氢11.1%。

定组成定律发展了物质不灭定律。化学反应中，不光是参加反应的每种原子的数目是一定的，而且反应后所生成的各种化合物，所含的各种原子的种类和数目也是一定的。

至于倍比定律，用原子—分子论的观点来看，那就更清楚了。前面提到的白则里校正普鲁斯特的实验中，白则里对铜的两种氧化物做了精确的分析，得到这样的结果：

红色氧化铜　铜：氧＝100：12.6

黑色氧化铜　铜：氧＝100：25.2

这两种氧化铜中，氧的含量恰好成简单的整数比：

12.6：25.2＝1：2

其实，从原子—分子论的观点来看，红色氧化铜就是氧化亚铜，它是由2个铜原子和1个氧原子组成的；而黑色的氧化铜就是氧化铜，它是由1个铜原子和1个氧原子组成的。在氧化亚铜中，1个铜原子只跟半个氧原子化合；在氧化铜中，1个铜原子和1个氧原子化合。这里0.5：1＝1：2，也成简单的整数比。实际上，倍比定律里所说的重量成简单整数比，就是原子个数成简单的整数比的缘故。

现在，物质不灭定律、定组成定律和倍比定律，已经成了化学中最基本的定律。人们在学化学时，一开始就要学到这些定律。它们是化学的基础，必须好好地学。不然，就不能进一步弄懂化学中的其他基本知识。

人们常说："化学方程式是化学家的语言。"这话的确不错。在化学上，人们一提到化学反应，总要用最精确、最简要的"语言"——化学方程式来描述它。化学方程式，就是以物质不灭定律、定组成定律和倍比定律为基

础的。

化学课上，老师讲过煤的燃烧反应。用化学方程式来表示，就是：

$$C+O_2=CO_2 \quad （C，碳原子；O，氧原子）$$

式子的左边，是1个碳原子和2个氧原子；式子的右边，也是1个碳原子和2个氧原子。为什么要使式子两边每种原子的原子数相等呢？这就是根据物质不灭定律得出来的。

至于式子右边用CO_2来表示二氧化碳，这就是根据定组成定律得出来的。因为只有承认了定组成定律，承认了每种化合物具有固定的组成，才谈得上用一种分子式来表示这种化合物。

有时，当氧气不足时，老师就会给你写出另一条新的化学方程式：

$$2C+O_2=2CO$$

这里，除了和上面一样，应用了物质不灭定律、定组成定律之外，还应用了倍比定律。根据倍比定律，两种元素可以化合成一种以上的化合物，而且跟等量的某元素化合的同一种元素在几种化合物中的含量成简单的整数比。这里的一氧化碳和二氧化碳，正是由碳和氧两种元素所组成的两种不同的化合物。一氧化碳中，是1个碳原子和1个氧原子化合；二氧化碳中，是1个碳原子和2个氧原子化合。这两种化合物中，氧原子的重量比，正好是1∶2——成简单的整数比。

能量守恒定律

物质不灭定律的发现，是科学史上的一件大事。然而，物质不灭定律只是说明了在燃烧过程中物质不灭，至于在燃烧过程中发出的光和热，这些能量从哪儿来的，又跑到哪儿去了，它并没有回答。

也就是说，这里涉及燃烧过程中的另一个重要问题——能量是不是守恒？

这事儿得从荷兰物理学家西蒙·斯蒂文在 1586 年出版的一本力学专著说起。这本著作里，斯蒂文用铁的事实，批驳了著名古希腊科学家亚里士多德的错误观点。

亚里士多德认为，两个物体从高处落下，重的物体先着地，轻的物体后着地。千百年来，谁也没有怀疑过亚里士多德的话，以为是理所当然的。

然而，会计出身的斯蒂文在他的著作中，却详细记述了他的实验：

"反对亚里士多德的实验是这样的：让我们拿两只铅球，其中一只比另

一只重 10 倍，把它们从 30 英尺的高度同时丢下来，落在一块木板或者是什么可以发出清晰响声的东西上面，那么，我们会看出，轻铅球并不需要重铅球 10 倍的时间，而是同时落到木板上，因此它们发出的声音听上去就像是一个声音一样。"① 斯蒂文以不可辩驳的实验，证明了大名鼎鼎的亚里士多德错了！在科学上，所尊重的只是实践，而不是任何偶像！

不久，著名的意大利物

---

① 这一实验常常被误传为伽利略做的。

理学家伽利略继续钻研这一个问题，又进一步发现：从高处落下来的物体的速度，是随着物体下降时间的增加而均匀地增加的。如果把一个从 10 米高处落下的物体抛回 10 米的高度，那么，抛出的速度正好等于物体从 10 米高处快落到地面时的速度。伽利略把物体的质量与速度的乘积（mv）称为"动量"。他认为物体的动量是守恒的。

伽利略只是做了初步的探索。

到了 1824 年，法国一位 20 多岁的青年工程师萨迪·卡诺，十分起劲地研究着蒸汽机。卡诺虔诚地信仰热素学说，以为物体之所以热，是因为含有"热素"的缘故。在对蒸汽机的研究中，卡诺认为，在蒸汽机工作时，热素的量——热量并没有减少，总热量是不变的，只不过从高温的地方"流"到了低温的地方，仿佛水从高处流到低处，推动了水轮机工作，而水的总量并没有减少。正因为这样，恩格斯认为，"萨迪·卡诺是第一个认真研究这个问题（能量守恒问题）的人"[①]，然而，"阻碍他完全解决这个问题的，并不是事实材料的不足，而只是一个先入为主的错误理论"[②]。

到了 1830 年，卡诺在实践中发现热素理论错了，他在笔记中曾这样写："热不是别的东西……它是一种运动。"

"动力（能量）是自然界的一个不变量，准确地说，它既不能增加，也不能消灭。"

可惜的是，过了两年——卡诺才 36 岁，竟不幸死去。他的这些笔记，直到他死后 40 多年，才被人们所发现！

也就在这时候，一位德国的青年医生罗伯特·迈尔开始钻研这个问题。当时，迈尔在一艘远洋轮船上担任船医。他发现，当船在热带航行时，从病人静脉抽出来的血液，要比在欧洲时更红一些。这是为什么呢？迈尔想，大约是热带气温高，人体消耗的热量少，于是血液从人体中吸收的养料也比较

---

① 《自然辩证法》，人民出版社，1971 年版，207 页。

② 《自然辩证法》，人民出版社，1971 年版，93 页。

少；养料在血液中氧化减少，所以静脉中含氧比较多，于是血液颜色就红一些。迈尔从中得到启发，知道了养料中的化学能可以转化为热能。他认为，有多少化学能，就能转化为多少热能，转化时能量不会增多，也不会减少。

1841 年，年仅 27 岁的迈尔大胆地写了一篇论文《关于非生物界各种力的意见》，明确地提出能量"无不生有，有不变无"，认为各种形式的能量可以互相转化，但是转化前后的总能量是守恒的。

迈尔把论文寄给了当时在学术界享有盛誉的德国《物理学和化学年鉴》杂志。这家杂志的主编波根道夫对这位"无名小卒"的来稿理也不理，不仅不发表，连原稿都没有退还给他。

迈尔并不灰心，坚信真理在他手中。迈尔又写了几篇论文，更加明确地论述了能量守恒的原理。这些论文寄出去以后，仍如石沉大海，毫无音信。迈尔没办法，到后来，他把自己仅有的一点积蓄拿出来，在一家杂志上自费发表了论文。

谁知论文的发表给迈尔招来了灾难。当时那些科学界的权威们满脑子是"热素""燃素"之类神秘的"素"，把迈尔的理论视为"邪说异端"。于是，有人造谣说迈尔患了精神病，才写出那样胡说八道的文章，竟然把迈尔关进了疯人院！无独有偶，在英国，一位名叫焦耳的青年酿酒商人，利用业余时间，对电流通过电阻时产生的发热现象，进行了认真的研究。1840 年，年仅 22 岁的焦耳发表了论文《论伏打电所产生的热》，提出了他经过多次实验发现的一条定律：

当电流通过导体时，导体在一定时间内产生的热量同导体的电阻和电流强度平方的乘积成正比。

在这里，焦耳不仅指出了电能会转化为热能，而且以精确的数学公式表明了转换规律。

过了三年，焦耳又发表了论文《论磁电的热量效应和热的机械值》，清楚地指出："哪里消耗了机械力，总能得到相当的热。"焦耳以自己精确的实验为依据，说明"使 1 磅水增加 1°F① 的热量等于把 770 磅物体提高 1 英尺的机械功"。焦耳的论文同样被当时的科学界权威们嗤之以鼻，不予理睬。然而，焦耳是个勇往直前的年轻人，他坚持做了大量的实验，以精确的数据有力地说明各种能量在转化时确实是守恒的。

这些精确的实验，是无法抹杀的！经过整整十年的奋战，焦耳接二连三发表了一系列论文，这才逐渐引起了各国科学界的重视。

与此同时，许多不同国籍的科学家各自独立地进行着这方面的研究：

丹麦 28 岁的科学家柯尔丁，通过对摩擦生热现象的研究，写成了关于能量守恒定律的论文，送给哥本哈根科学院。

1847 年，德国年仅 26 岁的军医赫尔曼·赫尔姆霍茨写了论文《论力的守恒》，阐述能量守恒的思想。他的论文寄到《物理学和化学年鉴》杂志，同样被主编波根道夫所压制，没有发表。后来，赫尔姆霍茨自费印刷了这篇论文。

1842 年，英国 31 岁的律师格罗夫，也独立地提出了能量守恒定律。……就这样，一批年轻的、从事各种职业的业余科学家经过不懈努力，终于用"排炮"轰开了那些科学界"权威人士"的顽固脑壳，在事实面前，他们不得不承认了能量守恒定律——自然界的又一重要定律。

恩格斯把能量守恒定律作为 19 世纪的三大发现（能量守恒定律、细胞学说、达尔文进化论）之一，热烈地赞颂它：

"自然界中无数起作用的原因，即所谓力——机械力、热、放射（光和辐射热）、电、磁、化学化合力和分解力，过去一直被看作一种神秘的不可解释的存在物，现在都已经证明是同一种能（运动）的特殊形式，即存在方式；而且甚至可以在实验室和工业中实现这种转化，使某一形式的一定

---

① 华氏度。华氏度＝32＋摄氏度×1.8。

量的能总是相当于另一形式的一定量的能。……自然界中整个运动的统一，现在已经不再是哲学的论断，而是自然科学的事实了。"①

严峻的考验

在能量守恒定律被当作 19 世纪的三大发现之一而载入史册不久，却发生了一场轩然大波，差一点把能量守恒定律整个儿推翻掉。

这得从法国物理学家贝克勒尔实验室里发生的一件怪事说起。

1896 年的一天，贝克勒尔把一包包得好好的照相底片放在抽屉里。后来，在冲洗底片时，他误把这包未用过的底片也拿去冲洗了。奇怪的是，冲洗后，底片上竟出现一把钥匙的影子！

贝克勒尔百思而不得其解。

贝克勒尔细细回忆着自己这几天做的事，才想起来：那天，他用钥匙锁好旁边的一个抽屉，就顺手把钥匙扔在桌子中间的抽屉中，这个抽屉里放着一包没用过的底片，钥匙正好落在底片上面。

底片用黑纸包得好好的，为什么会出现钥匙的影子呢？贝克勒尔顺着蛛丝马迹寻找，查明当时桌子上只有一个装着黄色结晶体的瓶子。

经过反复研究，贝克勒尔才终于揭开了谜底：原来，那瓶黄色的结晶体会不断射出一种看不见的射线，这种射线会透过木头、纸，使底片感光。

这种看不见的射线，叫作放射性射线。那黄色的结晶体里，含有一种放射性元素，叫作铀。黄色的结晶体是硫酸双氧铀钾。

放射性射线不仅会使底片感光，还会灼伤皮肤。有一次，贝克勒尔要

---

① 《自然辩证法》，人民出版社，1971 年版，175—176 页。

出去做关于放射性元素的演讲，顺手拿了一小瓶放射性元素放在裤袋里。演讲结束以后，贝克勒尔感到皮肤很疼，一看，原来大腿上的皮肤被放射性射线严重地灼伤了。

放射性射线为什么那样厉害呢？显然，它具有一定的能量，所以才会使底片感光，才会灼伤皮肤。

贝克勒尔是巴黎索本大学的教授，他的发现引起了大学里一位年轻的波兰姑娘玛丽·斯可罗多夫斯卡（居里夫人）的注意。经过她与她的丈夫比埃尔·居里的艰苦努力，1898 年，他们在沥青铀矿中发现了两种新元素——镭和钋，能够发射出比铀更强的放射性射线。

这些放射性元素，不断放出大量的能量。经过测定，人们惊异地发现：1 克镭在一小时里，就能放出 140 卡热量！

更使人们惊叹不已的是：尽管时间一小时又一小时，一天又一天，一年又一年地过去，1 克镭照样不断地每小时放出 140 卡热量。人们经过推算得出，经过 1560 年以后，镭放出的能量才会减少一半。

据计算，要是让 1 克镭把所有的热量都放出来，竟有 270 亿卡！这么多热量，足以使 29 吨冰融化成水！

1 克镭有多大呢？只有一片大拇指甲那么大！

"哇，镭是永恒的能源！"有人这么说。

"哈，什么能量守恒？镭的发现，彻底推翻了能量守恒定律！"还有人这么说。

于是，能量守恒定律面临着一场严峻的考验。

人们深入地研究放射现象，经过多次科学实验，才弄明白了镭的本质：原来，镭原子是会分裂的。镭原子的分裂，叫作"裂变"。它裂变以后，变成两个更小的原子——氡原子与氦原子。在 720 亿个镭原子中，平均每秒钟有一个原子要分裂，向周围以每秒两万千米的速度射出它的"碎片"。镭那不断放出的能量，便是镭原子裂变时释放出来的原子能。

也就是说，镭并不是什么"永恒的能源"。世界上永远不存在什么"永恒的能源"。随着镭原子的不断裂变，镭放出的能量也不断减少，也就是说，经过 1560 年以后，1 克镭每小时放出的能量少了一半——从 140 卡降到 70 卡；再经过 1560 年，又减少了一半——从 70 卡降到 35 卡；然后，又经过 1560 年，则减至 17.5 卡……

镭的原子能的发现，并没有推翻能量守恒定律。相反地，却从新的高度进一步丰富了能量守恒定律：一个镭原子裂变为一个氡原子和一个氦原子时释放出来的能量，恰好等于用一个氡原子和一个氦原子合成一个镭原子时所需要的能量。这一事实再一次有力地说明，能量不可能凭空产生，也不可能无端消亡！

能量守恒定律，经受了严峻的考验，更灿烂地射出真理的光辉。正如列宁指出的那样：

自然科学方面的最新发现，如镭、电子、元素转化等，不管资产阶级哲学家们那些"重新"回到陈旧腐烂唯心主义的学说怎样说，却灿烂地证实了马克思的辩证唯物主义。①

爱因斯坦的贡献

物质不灭定律，说的是物质的质量不灭；能量守恒定律，说的是物质的能量守恒。虽然这两条伟大的定律相继被人们发现了，但是人们以为这是两个风马牛不相及的定律，各自说明了不同的自然规律。甚至有人认为，物质不灭定律是一条化学定律，能量守恒定律是一条物理学定律，它们分属于不同的科学范畴。

然而，1905 年，一个年仅 26 岁的物理学家接连在德国《物理学》杂志上发表了五篇论文，从一个崭新的高度，揭示了物质不灭定律和能量守恒定律的本质及其相互关系。

这个年轻的科学家，就是阿尔伯特·爱因斯坦。

小时候，爱因斯坦并没有显示什么天才的特征，甚至一直到三岁才开始学会说话。

刚上学的时候，爱因斯坦很喜欢读《圣经》，真心诚意地相信《圣经》上所讲述的故事都是真实的。然而，后来他读了许多科学著作之后，就转为相信科学，认为《圣经》上所讲的故事是荒诞的。在大学，爱因斯坦深深地爱上了物理学。他非常勤奋，常常沉醉于物理实验而忘了吃饭。爱因斯坦的数学造诣也很深，他认为现代物理学不用数学武装自己的头脑，是无法攻克物理学上的难题的。

爱因斯坦喜欢独立思考。对于任何一种理论，他总是经过一番思索之

---

① 《列宁选集》第二卷，人民出版社，1972 年版，442 页。

后，觉得它确有道理，这才接受下来。

大学毕业后，爱因斯坦很想在大学里担任教师，从事科学研究，可是由于他是犹太人，受到歧视，不能留校工作。经过别人介绍，他才好不容易在一个专利局找到工作，当个职员。在那里，既没有图书馆，也没实验室。然而，艰苦的环境更能磨炼一个人的意志。就在那小小的专利局宿舍里，爱因斯坦经常工作到深夜。1905 年，爱因斯坦等创立了著名的"狭义相对论"①。爱因斯坦认为，物质的质量是惯性的量度，能量是运动的量度；能量与质量并不是彼此孤立的，而是互相联系的，不可分割的。物体质量的改变，会使能量发生相应的改变；而物体能量的改变，也会使质量发生相应的改变。

在狭义相对论中，爱因斯坦提出了著名的质能关系公式：

$$E = mc^2$$

这里的 E 代表物体的能量，m 代表物体的质量，c 代表光的速度，即每秒 30 万千米。

按照爱因斯坦的理论，把 1 克温度为 0℃ 的水，加热到 100℃，水吸收了 100 卡的热量，这时水的质量也相应增加了。按照质能关系公式计算，1 克水的质量增加了 0.000 000 000 004 65 克。

爱因斯坦的理论，最初受到许多人的反对，就连当时一些著名物理学家也对这位年轻人的论文表示怀疑。然而，随着科学的发展，大量的科学实验证明爱因斯坦的理论是正确的，爱因斯坦一跃而成为世界著名的科学家，成为 20 世纪世界最伟大的科学家之一。爱因斯坦的质能关系公式，正确地解释了各种原子核反应：就拿氦-4 来说，它的原子是由 2 个质子和

---

① 狭义相对论是现代物理中的重要理论，是研究物质与运动、空间与时间、绝对与相对、属性与关系等范畴的理论。1916 年，爱因斯坦又进一步创立了"广义相对论"。

2个中子组成的。照理，氦-4原子核的质量就等于2个质子和2个中子质量之和。实际上，这样的算术并不成立，氦核的质量比2个质子、2个中子质量之和少了0.0302个原子质量单位[①]！这是为什么呢？因为当2个氘核（每个氘核都有1个质子、1个中子）聚合成1个氦-4原子核时，释放出大量的原子能。生成1克氦-4原子时，大约放出2.7万亿焦耳的原子能。正因为这样，氦-4原子核的质量减少了。这个例子生动地说明：在2个氘原子核聚合成1个氦-4原子核时，似乎质量并不守恒，也就是氦-4原子核的质量并不等于2个氘核质量之和。然而，用质能关系公式计算，氦-4原子核失去的质量，恰巧等于因反应时释放出原子能而减少的质量！

这样一来，爱因斯坦就从更高的高度，阐明了物质不灭定律和能量守恒定律的实质，指出了这两条规律之间的密切关系，使人类对大自然的认识又深化了一步。

没有什么大自然的奥秘，是人类所不能认识的；但是，大自然的奥秘又是无穷无尽的。人类永远没有一天能完全认识大自然，没有一天可以完全知道它的奥秘。只有永不知足，才能不断前进。

物质不灭定律和能量守恒定律，是自然界的伟大定律。它来自客观实际，又在客观实际中久经考验。多少年来，这两条定律经受了千万次考验，仍像钻石一样，闪耀着夺目的光芒。

物质不灭定律和能量守恒定律，已经成为现代自然科学的基石，同样，它也从根本上给宗教的唯心主义观点以致命的打击，因为物质是不能凭空创造的，也不能凭空消灭，所以谁也不要再相信什么上帝创造万物、上帝创造世界的反科学的谬论了。另外，它还雄辩地说明，世界上永远不会有"永动机"。想不花费劳动就从大自然中获取能源，是不可能的。

[①] 1个原子质量单位＝1.66×10^{-24}克。

定律是客观存在着的。人，虽然不能去"创造"定律，"改造"定律，但是，人可以去发现定律、掌握定律、利用定律。

现在，物质不灭定律和能量守恒守律已经被千百万人所掌握。人们正在利用物质不灭定律和能量守恒定律去征服自然、改造自然，揭开大自然的秘密！

8 化学在发展

原子核的加法

在即将结束《化学趣史》这本书的时候，话题仍回到本书开头所讲的第一个有趣的故事：在美国那座门禁森严，一定要有"国防部证明"才能通行的大楼里，所进行的研究正是 20 世纪重大的化学研究课题 —— 原子弹。

早在 2400 多年前，古希腊著名哲学家德谟克利特提出"原子"这一概念时，"原子"的希腊文原意是"不可再分割"的意思。

放射性元素的发现，说明原子并非"不可分割"。

苏联作家伊林，曾用非常通俗的语言说明了原子核裂变的原理："就好像你把三枚 5 分的铜币锁在抽屉里。过了几天，你发现抽屉里的 5 分铜币不是 3 枚，而只有 2 枚了。那第三枚 5 分铜币自己兑成 3 分和 2 分的铜币了。"也就是说，原子核分裂，就好像 5 分铜币兑成 3 分、2 分的铜币。

这时，随着人们对放射现象的深入研究，逐渐认清了化学元素的真面目。

1911 至 1913 年，科学家开始弄清楚，原子是由原子核和电子组成的。电子围绕着原子核分布。

原子核又是由什么组成的呢？放射现象说明，铀、镭等放射性元素的原子核会不断分裂。这就是说，原子核是可分的，是由更小的微粒组成的。

1932 年，人们终于揭开了原子核的秘密：原子核是由质子和中子组成的。

质子、中子都比电子大得多，质子的质量约为电子质量的 1836 倍，中子的质量约为电子质量的 1839 倍。质子是带正电的微粒。中子不带电，是中性的微粒。

自从揭开了原子核的秘密之后，人们开始认识元素的本质：氢是第 1 号元素，它的原子核中只含有 1 个质子；氦是第 2 号元素，它的原子核中含有 2 个质子；碳是第 6 号元素，它的原子核中含有 6 个质子……铀是第 92 号元素，它的原子核中含有 92 个质子。也就是说，元素原子核中的质子数，就等于它在元素周期表上"房间"的号数——原子序数。

这样一来，错综复杂的种种化学元素之间的关系变得非常简单：

化学元素的不同，就在于它们原子核中质子的多少不同！原子核中质子数相同的一类原子，就属于同一种化学元素。

看来，在原子核中举足轻重的是质子，它的多少决定了原子的命运。然而，中子起什么作用呢？

经过仔细研究，人们发现，同一元素的原子核中，虽然质子数相同，但中子数有时不一样。比如，普通的氢的原子核中只含有 1 个质子；有一种氢原子的原子核中，除了含有 1 个质子，还含有 1 个中子，叫作"氘"或"重氢"；还有一种氢原子的原子核中，含有 1 个质子和 2 个中子，叫作"氚"或"超重氢"。氢、氘、氚都属于氢元素，但由于原子核中的中子数不同，它们的脾气也不一样，被叫作"同位素"。

本来，人们对放射性元素镭会变成铅和氦，感到莫名其妙、不可思议。这时，却可以正确地得到解释：镭是 88 号元素，它的原子中含有 88 个质子。它的原子核分裂后，变成 4 块碎片。在那块大的碎片中，含有 82 个质子，也就是 82 号元素——正好是铅；在那 3 块小的碎片中，共有 6 个质子，而 3 块碎片大小是一样的，也就是每块各含有 2 个质子——2 号元素，正好是氦！

这样一来，放射现象——原子核分裂，无非是一种特殊的"减法"罢了。这给了人们一个重要的启示：能不能进行特殊的"加法"呢？比如说，43 号元素，一直找不到，而 42 号元素——钼是人们熟知的。运用"加法"，往钼的原子核中"加"入一个质子，岂不就可以人工地制造出 43 号元素吗？

这种原子核的"加法"，又燃起了人们寻找缺失元素的热情。于是，人们又继续探根求源，千方百计去"捉拿"缺失元素。

第一个人造元素

用算盘做加法，那很方便，只消把算盘珠朝上一拨，就加上 1 了。

但是，要往 1 个原子核里加 1 个质子或别的什么东西，可就不那么容易了。

从 1925 年起，经过整整九个年头——直到 1934 年，法国科学家弗雷德里克·约里奥·居里和他的妻子伊伦·约里奥·居里（镭的发现者居里夫人的女儿）才找到进行原子"加法"的办法。

当时，他们在巴黎的镭学研究院里工作。他们发现，有一种放射性元素——84 号元素钋的原子核，在分裂的时候，会以极高的速度射出它的"碎片"——氦原子核。氦原子核里，含有 2 个质子。

于是，他们就用氦作为"炮弹"，向金属铝板"开火"。嘿，出现了奇迹，铝竟然成了磷！

铝，银闪闪的，是一种金属；磷，却是非金属。铝怎么会变成磷呢？用"加法"一算，事情就很明白：

铝是13号元素，它的原子核中含有13个质子。当氦原子核以极高的速度向它冲来时，它就吸收了氦原子核。氦核中含有2个质子。

于是，形成了一个含有15个质子的新原子核。你去查查元素周期表，那15号元素是什么？

15号元素是磷！

就这样，像变魔术似的，铝变成了另一种元素——磷！

不久，美国物理学家劳伦斯发明了"原子大炮"——回旋加速器。在这种加速器中，可以把某些原子核加速，像"炮弹"似的以极高的速度向别的原子核进行轰击。这样一来，就为人工制造新元素创造了更加有利的条件，劳伦斯因此而获得了诺贝尔物理学奖。

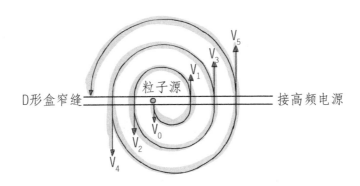

1937年，在回旋加速器中，劳伦斯用含有1个质子的氘原子核去"轰击"42号元素——钼，结果制得了43号新元素。

鉴于前几年人们接连宣称发现缺失元素，而后来又被一一推翻，所以这一次劳伦斯特别慎重。他把自己制得的新元素，送给了著名的意大利化学家塞格雷，请他鉴定。塞格雷又找了另一位意大利化学家佩里埃仔仔细细进行分析。最后，他们向世界郑重宣布，43 号元素，终于被劳伦斯制成了。这两位化学家把这新元素命名为"锝"，希腊文的原意是"人工制造的"。

锝，成了第一个人造的元素！

当时，他们制得的锝非常少，总共才一百亿分之一克。

后来，人们进一步发现：锝并没有真正地从地球上失踪。其实，在大自然中，也蕴藏着极微量的锝。

1949 年，美籍华裔女物理学家吴健雄以及她的同事从铀的裂变产物中，发现了锝。据测定，1 克铀全部裂变以后，大约可提取 26 毫克锝。

另外，人们还对从别的星球上射来的光线进行光谱分析，发现在其他星球上也存在锝。

这位"隐士"的真面目，终于被人们弄清楚了：锝是一种银闪闪的金属，具有放射性。它十分耐热，熔点高约 2200℃。有趣的是，锝在 −265℃时，电阻就会全部消失，变成一种没有电阻的金属！

填满了空白

锝被发现以后，元素周期表上只剩下三处空白了。

人们继续寻找那缺失的 61 号、85 号、87 号元素。

1939 年，法国女化学家佩雷在起劲地研究 89 号元素——锕。锕是一种具有放射性的金属。佩雷想要提纯锕，结果在剩下的残渣中发现一种具有另一种放射性的物质。仔细一检查，她发现这是一种新元素：89 号元素锕的原子核在分裂时，失去了 1 个氦原子核，也就是失去了 2 个质子，变成了 1 个只含有 87 个质子的原子核——87 号元素。

这 87 号元素，正是人们苦苦追索的一个元素！

佩雷用她祖国的名字——"法兰西"来命名这一新元素。译成中文，那就是"钫"。钫是一种寿命很短的放射性元素。如果有 100 个钫的原子放在那里，经过 21 分钟之后，只剩下 50 个了——那 50 个钫原子已经分裂，变成了别的元素。正因为这样，人们费了九牛二虎之力，才找到了这位"短命"的"隐士"。

1940 年，那位曾给锝进行鉴定的意大利化学家塞格雷迁居到美国，与美国科学家科森、麦肯齐共同合作，着手人工制造 85 号元素的工作。

起初，他们想用 84 号元素——钋作为"原料"，往它的原子核中加入 1 个质子，制成 85 号元素。可是，钋在大自然中很少，价格比较贵。他们就改用 83 号元素——铋作为"原料"。铋比钋便宜易得。

他们在美国加利福尼亚大学用"原子大炮"——回旋加速器加速了氦原子核，轰击金属铋，制得了 85 号元素。

这又是原子的"加法"——铋核中含有 83 个质子，氦核中含有 2 个质子：

$$83+2=85$$

正当他们的研究工作获得了初步成绩时，第二次世界大战发生了，他们不得不中断了工作。二战后，他们又重新开始研究，终于在 1947 年发表了关于发现 85 号元素的论文。塞格雷把这一新元素命名为"砹"，希腊文的原意是"不稳定的"。

砹是一种非金属，它的性质跟碘很相似。砹确实很不稳定。塞格雷制成了砹以后，只过了 8 个多小时，便有一半的砹原子核已经分裂，变成别的元素了。后来，人们在铀裂变后的产物中，也找到了极微量的砹。这说明了在大自然中存在着天然的砹。

正因为大自然中的砹既稀少又不稳定，所以找到它很不容易。

剩下的最后一个缺失元素，是 61 号。

起初，有人想用 60 号元素钕或者 59 号元素镨作为"原料"，来人工地制造 61 号元素。虽然他们 1940 年就宣称制成了 61 号元素，但是没有把它单独地分离出来，没有得到世界公认。

直到 1945 年，美国橡树岭国家实验室的科学家马林斯基、格伦德宁和科里宁从原子能反应堆中铀的裂变产物中，分离出 61 号元素。他们认为，61 号元素的发现和原子能的应用是分不开的，于是就用希腊神话中从天上盗取火种的英雄普罗米修斯的名字来命名它——当初，普罗米修斯盗来了天火，使人类进入取火、用火的时代；如今，61 号元素的发现，象征人类进入了原子时代。

直到 1949 年，国际化学协会才正式承认了马林斯基等的发现，并同意了他们的命名。"普罗米修斯"译成中文，便成了"钷"。

钷是一种具有放射性的金属。钷的化合物常常会射出浅蓝色的荧光，被用来制造光表上的荧光粉。用钷还可以制成只有纽扣那么小的原子电池，它能连续工作达 5 年之久，是人造卫星上非常需要的体积小、重量轻、寿命长的电源。

发现钷之后，人类就找到了所有的缺失元素，元素周期表上的空白全部被填满了。

铀不是最后的元素

发现钷以后，人类认识化学元素的道路，是不是到达终点了呢？

起初，有人兴高采烈，觉得这下子大功告成，再也不必去动脑筋发现新元素了！

可是，更多的科学家觉得不满足。他们想，虽然从第 1 号元素氢到第 92 号元素铀，已经全部被发现了，可是，难道铀会是最末一个元素？谁能担保，在铀以后，不会有 93 号、94 号、95 号、96 号……

这么看来，周期表上的空白，并没有真的全被填满——因为在 92 号元素铀以后，还有许许多多"房间"空着呢！

早在 1934 年，物理学家费米就认为周期表的终点不在 92 号元素铀，在铀之后还存在"超铀元素"。

费米试着用质子去攻击铀原子核，宣布自己制得了 93 号元素。费米把这一新元素命名为"铀 X"。

可是，过了几年，费米的试验被人们否定了。人们仔细研究了费米的试验，认为他并没有制得 93 号元素。因为当费米用质子攻击铀原子核时，把铀核撞裂了，它裂成两块差不多大小的碎片，并不像费米所说的变成一个含有 93 个质子的原子核。

直到 1940 年，美国加利福尼亚大学的麦克米伦教授和物理化学家艾贝尔森在铀裂变后的产物中，发现了 93 号新元素！

他俩把这种新元素命名为"镎"。镎的希腊文原意是"海王星"，这名字是跟铀紧密相连的，因为铀的希腊文原意是"天王星"。

镎是银灰色的金属，具有放射性。它的寿命很长，达 220 万年，并不像砹、钫那样"短命"。铀裂变后的产物中，含有微量的镎。在空气中，镎很容易氧化，表面蒙上一层灰暗的氧化膜。

镎的发现，有力地说明了铀并不是元素周期表上的终点，说明化学元素大家庭的成员不止 92 个。

镎的发现，还有力地说明镎本身也并不是化学元素周期表上的终点，在镎之后还有许多化学元素。

镎的发现，鼓舞着化学家们在认识元素的道路上继续前进！

青云直上的"冥王星"

就在发现 93 号元素镎的时候，麦克米伦便认为，可能还有一种新的超铀元素跟镎混在一起。

不出所料，没隔多久，美国化学家西博格、沃心和肯尼迪又在铀矿石中，发现了 94 号元素。他们把这一新元素命名为"钚"，希腊文的原意为"冥王星"。这是因为镎的希腊文原意是"海王星"，而冥王星在海王星的外面，是当时人们认为的太阳系中离太阳最远的一个行星。[①]

最初，西博格等只制得极微量的钚，总重量还不到一根头发重量的千分之一。这样稀少的元素，在当时并没有引起人们的注意，人们只把它看作一种新元素罢了，谁也没有去研究它可以派什么用场。

后来，当人们发明了原子弹之后，钚却一下子青云直上，成了原子舞台上的"明星"！这是怎么回事呢？

原来，原子弹中的主角是铀。在大自然中，铀有两种不同的同位素，一种叫"铀 235"，一种叫"铀 238"。铀 235 的原子核中，含有 92 个质子、143 个中子，加起来是 235 个，所以叫"铀 235"；铀 238 的原子核中，含有 92 个质子、146 个中子，加起来是 238 个，所以叫"铀 238"。铀 238 跟铀 235 的不同，在于它的原子核中多了 3 个中子。

铀 235 与铀 238 的"脾气"大不一样：铀 235 是个"急性子"，铀 238 却是个"慢性子"。铀 235 受到中子攻击时，会迅速发生链式反应，在一刹那间释放出大量原子能，形成剧烈爆炸。原子弹里，就装着铀 235。可是，铀 238 受到中子攻击时，却不动声色地把中子"吞"了进去，并不会发生爆炸。

天然铀矿中，绝大多数是铀 238，而铀 235 仅占千分之七（重量比）。人们千方百计地从铀矿中提取那少量的铀 235，用它制造原子弹，而大量的铀 238 却被废弃了。

铀 238 难道真的是废物吗？

———————————

① 2006 年，第二十六届国际天文学联合会正式将冥王星正名为矮行星。

经过仔细研究，人们发现，铀238可以作为制造钚的原料，而钚的脾气跟铀235差不多，也是个急性子，可以用来制造原子弹！

本来，天然铀矿中只含有一百万亿分之一的钚。如今，人们却可以用铀238作为原料，大量制造钚。于是，钚的产量迅速增加，从只有一根头发的千分之一那么重猛增到数以吨计。不久，人们不仅制造了以钚为原料的原子弹，而且用它制成了原子能反应堆，用来发电。这样一来，钚一下子成了原子能工业的重要原料。钚是一种银灰色的金属，很重。在空气中也很易氧化，在表面形成黄色的氧化膜。

钚的寿命也很长，达24 000多年。

钚的发现和广泛应用，一下子就使人们对化学元素的认识进入一个新阶段：原来，世界上还有许多很重要的未被发现的新元素哩！

继续进击

人们继续进击，寻找94号以后的"超钚元素"。

1944年底，钚的发现者——美国化学家西博格和加利福尼亚大学教授乔索合作，用质子轰击钚原子核，先是制得了96号元素，紧接着又制得了

95 号元素。

他们把 95 号元素和 96 号元素分别命名为"镅"和"锔"（过去曾译为"锯"，因与锯子的"锯"字相同，容易混淆，故改译为"锔"），用来纪念发现地美洲（"镅"的原意即"美洲"。因为镅在元素周期表上的位置正好在 63 号元素铕之下。铕的希腊文原意为"欧洲"，所以就用"美洲"命名镅）和居里夫妇（"锔"的原意即"居里"）。

镅和锔都是银白色的金属。镅很柔软，可以拉成细丝，也可以压成薄片。镅的同位素绝大部分都是"短命"的，很快就会裂变成其他元素，只有一种"镅 243"的寿命很长，达 8000 年左右。

锔是一种很有意思的放射性金属，它辐射出来的能量很大，可以使锔变得很热，温度高达 1000℃左右。如今，人们已把锔用在人造地球卫星和宇宙飞船中，作为热源。西博格和乔索继续努力，在 1949 年制得了 97 号元素——锫，1950 年制得了 98 号元素——锎。锫的原意是"柏克利"，因为它是在柏克利城的回旋加速器帮助下制成的；锎的原意是"加利福尼亚"，因为它是在加利福尼亚的回旋加速器帮助下制成的。

锫和锎都是金属元素，都具有放射性。锫在目前还没有得到应用，锎可用作原子能反应堆中的原子燃料。另外，由于锎能射出中子，现在已被用来治疗癌症。

接着，人们又开始寻找 99 号元素和 100 号元素。

有趣的是，在人们用回旋加速器制造出这两种新元素之前，却在另一场合无意中发现了它们。

那是在 1952 年 11 月，美国在太平洋上空引爆了世界第一颗氢弹。当时，美国科学家在这次爆炸产生的原子"碎片"中，发现了两种新元素——99 号和 100 号元素。

1955 年，美国加利福尼亚大学在实验室中制得了这两种新元素。为了纪念在制成这两种新元素前几个月逝世的著名物理学家爱因斯坦和意大利科学家费米，分别把 99 号元素命名为"锿"（原意即"爱因斯坦"），把 100 号元素命名为"镄"（原意即"费米"）。1955 年，就在制得锿以后，美国加利福尼亚大学的科学家用氦核去轰击锿，使锿原子核中增加 2 个质子，变成了 101 号元素。他们把 101 号元素命名为"钔"，以纪念化学元素周期律创始人、俄国化学家门捷列夫。有趣的是，最初制得的钔竟如此之少——只有 17 个原子！然而，正是这 17 个原子，宣告了一种新元素的诞生。

紧接着，1958 年，加利福尼亚大学与瑞典的诺贝尔研究所合作，用碳离子轰击锔，使锔这个只有 96 个质子的原子核一下子增加了 6 个质子，制得了极少量的 102 号元素。他们用"诺贝尔研究所"的名字来命名它，叫作"锘"。但是，他们的研究成果，一开始并没有得到人们的承认。直到几年以后，别人用另一种办法也制成了 102 号元素时，它才获得国际上的正式承认。

人们追索不息。1961 年，美国加利福尼亚大学的科学家着手制造 103 号元素。他们用原子核中含有 5 个质子的硼，去轰击原子核中含有 98 个质子的锎，进行原子"加法"：

$5+98=103$

就这样，人们制得了 103 号元素。这个新元素被命名为"铹"，用来纪念当时刚去世的美国物理学家、回旋加速器的发明者劳伦斯。

铹是一种不稳定的元素。每经过 3 分钟，铹的原子中便有半数分解掉了。1964 年和 1967 年，苏联科学家弗列罗夫所领导的研究小组，分别制得了 104 号和 105 号元素。其中 104 号元素被命名为"钴"，用来纪念于 1960 年去世的苏联原子物理学家库尔恰托夫。

与此同时，美国人乔索领导的小组用另一种方法也制得了 104 号和 105 号元素，命名为"铲"和"铅"，分别用来纪念著名物理学家卢瑟福和德国物理学家哈恩。

后来，104号和105号元素分别被命名为"铲"和"𨧀"。

104号和105号元素都是"短命"的元素，只能存在几秒钟，很快就裂变成别的元素。1974年，苏联科学家弗列罗夫等人又用24号元素——铬的原子核去轰击82号元素——铅的原子核，进行原子"加法"：

24＋82＝106

于是，制得了106号元素。

有趣的是，与此同时，美国人乔索及西博格等人用另外的"算式"进行原子"加法"，拿8号元素——氧的原子核去轰击98号元素——锎的原子核：

8＋98＝106

于是，也制得了106号元素。

与104号和105号元素一样，这一次又引起了争论。双方都说自己最早发现了新元素，相互争论不休。

1976年，苏联人弗列罗夫等人着手试制107号元素。他们用24号元素——铬的原子核，轰击83号元素——铋的原子核：

24＋83＝107

就这样，107号元素被制成了。

107号元素是一种寿命非常短暂的元素，它竟然只能存在1毫秒！

制成109号元素

1982年9月16日，一位留着络腮胡子、头发梳向左的高个子，走上英国剑桥的科学讲坛。此人是联邦德国著名核物理学家，名叫P.安布拉斯特。他，发布了震动世界科学界的新闻：联邦德国重离子研究所在1982年8月29日发现了109号元素！

安布拉斯特说，他们是用人工合成的方法制得 109 号元素的——制得 109 号元素的一个原子，而这个原子仅存在了千分之五秒的时间！

获得新元素的发现权，是科学上的莫大荣誉。一旦听说谁发现了新元素，科学家们总是"横挑鼻子竖挑眼"，要进行一番辩论、验证，才予以最终承认。这一次，联邦德国科学家们只制得新元素的一个原子，这原子又是"短命"的，能得到世界科学界的承认吗？

出人意料，由于那位"大胡子"在学术报告中所叙述的实验步骤无懈可击，所提供的数据、电子计算机的分析结果无可辩驳，因此，得到了国际科学界的承认。发现 109 号元素的桂冠，被联邦德国科学家们摘走了！

他们是怎样制得那新元素唯一而又"短命"的原子的呢？

原来，他们是以铋原子为靶，用加速了的铁原子的原子核进行"轰击"。铋是 83 号元素，铁是 26 号元素，它们"相加"，便成了 109 号元素：

$$83+26=109$$

不过，进行这一原子"加法"并不容易。联邦德国科学家们曾用铁原子核进行了几十亿次"轰击"，要么没有击中"靶"，要么劲儿太大，把铋原子"轰"成一堆碎片。

1982 年 8 月 29 日，机会终于来了，有一个铁原子核，不偏不倚击中一个铋原子核，聚合在一起，形成了 109 号元素。这个新原子在千分之五秒之后分裂了，射出一个氦核，蜕变成 107 号元素的原子。紧接着，这个原子又射出一个氦核，蜕变成 105 号元素的原子……

但是，所制得的 109 号元素，只有一个原子。要发现、确定这个新元素的原子，是很不容易的。如同联邦德国重离子研究所所长普特里兹所说："比方有一趟货车，一节节车皮拉的都是沙子，它的速度是 1 小时 20 英里。在一节车皮里，埋藏着一粒稍微不同寻常的沙子。我们的探测器要完成任务，就相当于在飞驰而过的这趟列车上找出那粒沙子。"

联邦德国科学家用十分精密的方法，准确地测到了那唯一的 109 号元素的原子：他们设置了"重离子反应分选器"，犹如设置了哨卡。站在那儿执勤的"哨兵"是电场和磁场。只有按照一定速度运行的 109 号元素的原子，才能被"放行"，而其他元素的原子，休想通过这一"哨卡"。

通过"哨卡"的原子，撞击在一块硅片上。这时，硅片把这原子的撞击位置以及能量记录下来。经过电子计算机计算，可以算出这原子的质量，从而明确地查出这个原子的"身份"。

另外，联邦德国科学家还通过"探测器"，精确地测得了这个原子蜕变为 107 号元素——105 号元素……的整个蜕变过程。

所有这一切严格的测定和严密的实验，都清楚地表明：联邦德国科学家确实制得了 109 号元素——虽然只制得了一个原子！

109 号元素的制成，说明人类对化学的研究达到了一个崭新的水平。

1977 年 8 月，国际纯化学和应用化学联合会（IUPAC）[①] 无机化学组会议决定，从 104 号元素起，不再用人名或者国名来命名了，而是称为"×××号元素"。对元素的拉丁文名称，也做了统一的命名规定。根据这一规定，109 号元素的拉丁文名称应为"Meitnerium"，化学元素符号为"Mt"。

109 号元素以后

在 109 号元素被发现以后，请注意，人类已发现的化学元素，并不是 109 种，而是 108 种！

为什么呢？

因为科学家"越过"了 108 号元素，先合成了 109 号元素。

---

① 后改名为"国际纯粹与应用化学联合会"。

不过，据科学家估计，在 109 号元素被发现以后，发现 108 号元素的日子，已经不会太远了。

果真如此。时间过去还不到两年，化学元素周期表上那第 108 号空"房间"，就迁入新"居民"了。

首先合成 108 号元素的，是由德国、苏联和中国等七个国家的 24 位核化学家组成的一个国际合作研究组。他们在 1984 年 3 月宣布了自己的新成果。

国际合作研究组是在德国黑森州达姆施塔特重离子加速器中合成 108 号元素的。他们用铁 58 去轰击铅 208，制得 108 号元素。108 号元素"寿命"很短，半衰期为 2 毫秒。

108 号元素的英文名字为 Hassium，以纪念达姆施塔特加速器所在的黑森州。108 号元素化学符号为"Hs"，中文名字为"镙"。

就在国际合作研究组在德国宣布自己的新发现之后两个月——1984 年 5 月，苏联科学家在能够产生强大重离子束的 Y-400 回旋加速器上，用类似的方法，也制得了 108 号元素。虽然苏联科学家晚了一步，但他们毕竟又一次证明，用人工方法能够合成 108 号元素。

然而，世界上到底有多少种化学元素？人们会不会无休止地把化学元素逐个制造出来？

这些问题引起了激烈的争论。

有人认为，从 100 号元素镄以后，人们虽然合成了许多新元素，但是这些新元素的"寿命"越来越短。像 107 号元素，只能存在 1 毫秒。照此推理下去，108 号、109 号、110 号……这些元素的"寿命"更短，因此人工合成新元素的希望将会越来越渺茫。他们预言，即使今后人们还可能再制成几种新元素，但是已经为数不多了。

可是，很多科学家认真研究了元素周期表，推算出在 108 号元素以后，可能会出现几种"长寿"的新元素！

这些科学家经过推算，认为当元素的原子核中质子数为 2、8、20、28、50、82，或者中子数为 2、8、20、28、50、82、126 时，原子核就比较稳定，寿命比较长。根据这一理论，他们预言 114 号元素，将是一种很稳定的元素，"寿命"可达一亿年！也就是说，人们如果发现了 114 号元素，这元素将像金、银、铜、铁一样"长寿"，可以在工农业生产中得到广泛应用。

科学家甚至根据元素周期表，预言了 114 号元素的一些特征：

它的性质类似于金属铅，目前可称它为"类铅"。

它是一种金属，密度为每立方厘米 16 克。

它的沸点为 147℃。

它的熔点为 67℃。

它可以用来制造核武器。这种核武器体积很小，一颗用 114 号元素制成的小型核弹，甚至可放在手提包中随身携带！

另外，科学家还推算出，110 号和 164 号元素也将是一种"长寿"的元素，可以活一千万年以上。

不过，当 110 号元素终于被制成时，却表明这种新元素并非"可以活一千万年以上"，而是依然"短命"。

那是在 1994 年，德国达姆施塔特重离子研究所宣布，由德国物理学家安布拉斯特领导的一个小组，在镍原子轰击铅原子的产物中检测到新元素 110 号的存在。新元素 110 号的"寿命"极短，半衰期少于 1 毫秒。

德国达姆施塔特重离子研究所提议以实验室的所在地达姆施塔特（Darmstadt）命名 110 号元素。9 年之后，即 2003 年 8 月，国际纯粹与应用化学联合会同意把 110 号元素命名为 Darmstadtium，化学符号为"Ds"，译成中文是"𫟼"。

也是在 1994 年，德国科学家西古德·霍夫曼与同事用镍和铋进行对撞实验，观测到了三个衰变系，其中有第 111 号元素存在。此后，科学家又重复实验，证实了第 111 号元素的存在。第 111 号元素放射性强，半衰期为千分之一点五秒。德国科学家提议，把第 111 号元素命名为 Roentgenium，以纪念发现 X 射线的德国物理学家伦琴。

10 年之后，即 2004 年，国际纯粹与应用化学联合会同意把 111 号元素命名为 Roentgenium，化学符号为 Rg。

2006 年 1 月 20 日，中国全国科学技术名词审定委员会、国家语言文字工作委员会组织召开了第 111 号元素中文定名研讨会，决定把第 111 号元素中文名字定为"轮"。

1999 年，美国加利福尼亚的劳伦斯·利弗莫尔国家实验室宣称他们已经合成了第 118 号元素。但是，2002 年，他们又宣布，撤回发现 118 号元素的公告，因为他们发现，有人伪造数据。为此，这个实验室开除了那个造假的科学家。

2006 年 10 月 17 日，美国加利福尼亚的劳伦斯·利弗莫尔国家实验室和俄罗斯的联合核研究协会共同郑重宣布，他们制成了第 118 号元素。第 118 号元素是在俄罗斯制成的，使用了美国提供的少量锎。他们用人造元素锎去撞击钙，制造出第 118 号元素。

第 118 号元素"住"在化学元素周期表中氡元素之下的"房间"。这种新元素仅仅存在了 0.9 毫秒，但这却是人类首次制成的人造惰性气体元素。

第 118 号元素裂变时，先是衰退为 116 号元素。在 1 毫秒之后，116 号元素立即衰退成第 114 号元素，然后又衰退成第 112 号元素，最后分裂成两半。

这样，在制成 118 号元素的同时，又发现了第 112 号元素、第 114 号元素和第 116 号元素。

第 112 号元素只能存在 0.000 02 秒。

与此同时，俄罗斯的杜伯纳实验室宣布，他们通过"热融合"，合成了第 114 号、115 号和 116 号元素。其中第 115 号元素衰变时，生成了 113 号元素。

113 号元素的"寿命"为 1.2 秒。

这样，111 号、112 号、113 号、114 号、115 号、116 号、118 号元素相继被发现。这段时间里，其他国家的科学家也曾经用不同的方法制成这些人造元素。

然而，117 号元素一直空缺。不过，有人预言，一旦制成 119 号元素，当 119 号元素衰变时，会产生 117 号元素。

于是，119 号元素成为当今化学家们所关注的元素。2007 年 9 月 26 日，忽然从俄罗斯叶卡捷琳堡市的全俄发明家专利研究院传出消息，一位来自斯维尔德罗夫州的工程师，声称自己发现了元素周期表上的第 119 号元素，并希望获得此项专利。据报道："这名工程师不愿意透露自己的姓名，也没有向外界透露这一元素的合成方法，他向研究院的专家们解释道，从重量上看，第 119 号元素是氢元素的 299 倍，也就是说，其原子量为 299；它是元素周期表上尚未记录的新元素，并最终完善元素周期表。"

不过，这一消息虽然很快被许多媒体所报道，但是此后再没有下文。因为制造第 119 号元素，倘若没有庞大的实验室和先进的设备，谈何容易！

倒是美国的劳伦斯贝克莱国家实验室正在为此而努力。这个实验室和德国重离子研究中心以及俄罗斯的研究人员，正在筹划用氪离子来轰击铋靶子，以获得 119 号元素。他们预计，由于 119 号元素会衰变成 117 号、115 号和 113 号元素，所以有可能"连带"着发现 117 号新元素！

也有消息称，美国橡树岭国家实验所达兹博士、佛罗里达州大学威廉·纳尔逊和加利福尼亚大学汤姆·卡希尔共同合作，在一种来自马达加斯加的独居石矿物中，用 X 射线谱发现了四种稳定的新元素——116 号、124 号、126 号和 127 号！他们在加拿大以及英国的科学报告会上，详细地介绍了他们在独居石中发现极微量的这四种新元素的经过。但是，国际纯粹与应用化学联合会没有承认这一研究成果。

在寻找和制造化学元素的道路上，人类已经付出了巨大的努力，获得灿烂的成果。但是，时代在前进，人类对化学元素的认识，是永无止境的。

　　化学元素的秘密，期待着本书的每一位读者去探索、去发现。在不久的将来，化学的历史将要揭开新的篇章。